活出热情
Living with Passion

深圳报业集团出版社

[加拿大] 戴维·瑞斯比 仙蒂·麦卡特尼 著

陶晓清 李文瑗 译

献给班与贾克 [Ben & Jock]
你们的友谊与教导
对我们的生命有着深刻的贡献

献给我们的两个女儿——安妮卡与泰丝 [Annika & Tess]
能在日常生活中跟你们分享热情
真是莫大的恩典

每天你带着爱意与情感
观看着日落
为何它……它几乎像是
像是如果你可以破解了它的密码
你就可以完全了解它所有的意义
但是，就算你做得到……
你认为你会愿意交换，
这所有的疼痛与苦难吗？
啊，然后你会怀念
这个地球上美丽的光线
以及离别时的甜美

——珍·西伯瑞 [*Jane Siberry*]

序言 — 活着的狂喜

　　人们真正在追求的是活着的体验，这样我们纯粹身体层面的生命经验才能跟内在的存有和真实共鸣，于是才能真正感受到活着的狂喜。

—— 约瑟夫·康培尔 [Joseph Campbell]

　　人类过分赞美热情但却很少感激热情的潜在能力，热情完全被误解了。多年来我们对热情的探索让我们感到惊讶，并且有着新的发现；我们希望这本书能带领你学习如何带着巨大的热情过生活。许多人发现自己一直在追寻些什么，却不知道到底自己是在找什么——只知道自己欠缺了什么。有些人在平淡的生活中找寻刺激，有些人在寂寞中追求慰藉。更多人则只是模糊地感到不快乐与总有着渴望。为了满足这份渴望，人们常会转向各种娱乐或是浪漫情怀、物质追求与冒险。有些人不停地用工作去填满自己的时间，有些人追求个人健康，变得活跃于政治或是追求灵性上的满足。然而那份渴望却顽固地残留不去。从目前社会上持续增加的各种忧郁症、焦虑症与压力来评断，对满足的追求显然不怎么成功。当意识到一个人最深的渴望逐渐减少却无法消失时，通常挫折感就产生了。

很多人会怀疑："生命难道不应该更丰富吗？"

我们的回答是："是的！我们有可能体认到我们灵魂的欲望，了解我们心里的内容。我们是可能更热心、更有感情、有更大的'火力'，这就是热情，每个人都能选择变得更有热情。"

热情对每个人来说，是一个挑战也是一份礼物。这份礼物能增进一个人的活力，让关系、工作、娱乐都能比过去更有元气。另一方面，挑战则在于如何去拥抱它宽宽的本质。热情可以是好与坏、善良与恶劣、光明与黑暗等等。所以，如果我们想要变得更热情，就要学着去容许它完全展现它的范围。

不幸的是，我们大多数人无法忍受太多热情。我们容纳强烈的热情的能力,已经由于多年来的遏制与压抑而变小了。由平常的呼吸模式中我们就能看出这一点[我们之后会讨论,呼吸与热情之间有极重要的关系]。大多数人只用了肺部容量极小的一部分,不是我们做不到,而是我们不习惯让肺吸足空气。同样的,我们活出热情的能力是不受限制的,但大多数人也都只使用了一点点。正如一位歌手安·莫特飞 [Ann Mortifee] 在一首歌中写的:"我是买了票,但我只看了半场演出。"

我们似乎总是在等待着什么人或是一些事来"容许"我们活得更热情一些。我们总是卡在过去的回忆中或是未来的计划里;然而一个人的热情与活力只有在当下才能感受到。我们必须要在此时此刻选择热情。

热情是人类生来就有的能力,并可以培养。它能促使我们的生命经验更加提升。每一个人都能更热情地生活,不需要具有特别的个性或做出重大的改变。不过,要拥有更大的热情,却必须有意愿面对自我,并决定不论情况如何,都要全力活出自己的生命。

如何利用本书

本书的目的就是要告诉你有关热情的观念,我们深深相信每个人都能学会过更热情的生活，同时让你知道为了达到这个目标，你必须要如何抉择与如何行动。

第一章谈论的是热情的本质，以字典上热情的定义与约定俗成的了解开始。我们以黄焕祥与麦基卓 [Bennet Wong & Jock Mackeen] 发展出来的热情的定义为基础继续往下探索。这是我们工作的基础："热情是心灵表达时的压力。"这也是第二章的主题，这一章点出了实际的热情模式，也告诉了我们一定要参与自己的生命，热情才会发生。在第三章里，我们检验了许多人在体验到全然的热情时会产生的抗拒。

从第四章起的焦点放在如何振奋热情的实际步骤上。我们提出"行动"上的建议，教你如何更深化活力，并且教你可以马上运用"热情练习"的观念。

第八章是针对夫妻或伴侣间进一步的热情练习的行动步骤。不过我们在这一章提供的素材，不光只有在夫妻或伴侣间才能运用，一般的关系也都是一样适用。

关于本书作者

我们俩——仙蒂与戴维——这一生一直都是探索者。我们渴望一起去体验生命所提供的一切，探索未知，并献身于自己与他人的幸福。我们从1983年就开始在一起工作与生活。跟很多人一样，我们开始的时候感到浪漫期的兴奋，然后是以平常心的努力过着有活力的生活。我们一起念研究所拿了硕士学位，买了房子，生了孩子。我们的两个孩子现在都是青少年，我们全然投入作为伴侣、父母与成为附近小区的一分子。

我们担任专业助人工作将近三十年，经常接个人咨商个案，在小区大学教书，并在不同的机构带领专业或个人的成长课程。在加拿大不列颠哥伦比亚省的一个教育中心海文学院 [Haven Institute] 里，我们教过不少课程，其中跟热情有关的有两种："拥抱你的热情"与"夫妻 [伴侣] 间的热情"。参加这些课程的学员们帮助我们对热情有了更多的了解。

不论在哪里跟什么人一起工作，我们的目的都是一样的，就是支持自己与他人扩展生活层面，深化生命经验。

在家里我们努力地创造稳定与健康的生活环境，在家庭、工作与学校生活间取得平衡。我们也经历过关系中缓慢的疲累，同时在面对生命中的种种召唤时变得冷漠。跟许多人一样，我们也曾经在个人方面或关系上，跟自己的热情与活力角力。

我们想要拥抱生命的渴望，加上天性中的挑战，以及维持自己并分享彼此的热情,致使我们在大约十二年前写下了这份"愿景宣言":"我们选择不断地挑战自己,找到方法扩展我们的生命;全然的、勇敢地投入生活并与人连结。工作时我们选择跟他人连结以扩展彼此的生命。"

合写这本书确实是一个让我们互动与扩展的练习。像处于竞技场一般,我们书中所写的很多步骤我们都经历了。同时,写书也提供了无数的机会让我们跟同事与朋友兴奋地对谈。现在,带着一些脆弱把我们的观点、个人生活与专业上的经验提供给你。在本书中邀请你加入我们——去挑战过热情的生活。

聂鲁达 [Pablo Neruda] 捕捉住了启动生命的菁华,是在进入未知,迎向本有生命的丰盛俱足,他是这么写的:

……我灵魂中的某些东西开始启动,
是狂热或是被遗忘了的翅膀,
我走出自己的路来,
破解了火的密码,
于是我写下了第一行平淡的句子,
平淡,没有内容,完全胡说八道,

纯净的智慧
源自一个无知的人,
突然间我看见了
天堂的
锁松开了
门打开了

中文版序言

对于《活出热情》会延伸成让说中文的学生、朋友及同事能阅读的中文版，我们是带着敞开的心与深刻的感激的。

能跟许多很出色的华人一起密切合作真是我们的福气。我们也深深的感动着，因为不论是在工作时或是在我们旅行时，他们是如此用心的关怀与疼惜我们。

我们看到的是在一种正常的饥渴状态下，带着开放的、容易接近的、愿意响应的心灵，乐于学习与成长的华人。我们自己也有着这样的饥渴。《活出热情》就是书写我们探索与学习过程中的这种饥渴。

热情的花朵开放得极为缓慢，并且要到成熟时才能盛放，它的芳香与色彩使我们的生活更滋润。然而为了能带着热情生活，我们一定要能够扩展，愿意拥抱无可避免的"受苦受难"——它是我们深刻欲望的伴侣，并且学会如何表达与包容我们的强烈的感受。在做出选择的时候，热情就被滋养了。

近年来我们看到世界剧烈变化着，这些变化毫无疑问地给大家带来更大的压力与不确定感。我们确实听到不少人，为了要让生命更平衡而造成更多的压力：照顾年迈的父母、在这样具挑战性的时代养育孩子、维护关系、极力在工作上有最杰出的表现、负担经济压力，维护健康状况、追求快乐……现在这些需求似乎超越过往的时代，我们更需要学着去扩展与拥抱生命，更能够跟热情连结，这就是本书的焦点所在。

长久以来，热情一直是既被渴望又被害怕着；它是我们幸福的支柱。人类对更有活力、更能去爱的强烈渴望是全球性的，同时在我们所遇见的几乎每一个人身上，都有着这种已经浮现出来的渴望。

两岸的华人总是以最温暖的好客之道欢迎我们，并且愿意跟我们分享他们生命中各种起起落落的过程。我们也以敞开的心来响应他们。我们诚挚地希望，在你跟着我们一起"活出热情"时，你的心也能更敞开一些，那么新的成长一定会到来。

戴维与仙蒂
2009年1月23日

目 录

序言·活着的狂喜 —— *001*
中文版序言 —— *001*

第一章　热情的意义 —— *001*
　　热情练习 —— *001*
　　一、强烈的情感、奉献、性欲、对目标的渴望 —— *004*
　　二、情感、强烈的感受、爆发的愤怒 —— *005*
　　三、受苦受难 —— *006*

第二章　心灵的压力 —— *009*
　　欲望 —— *010*
　　压力 —— *012*
　　介入的可能性 —— *014*

第三章　从热情起飞 —— *016*
　　第一种脱离形态·替代品 —— *018*
　　强迫思考 —— *020*
　　幻想 —— *021*
　　兴奋 —— *022*
　　戏剧化 —— *023*
　　成瘾 —— *024*
　　第二种脱离形态·退缩 —— *025*
　　等待 —— *027*
　　第三种脱离形态·压制 —— *029*
　　第四种脱离形态·扩散 —— *031*
　　阴影 —— *034*
　　脱离所付出的代价 —— *035*
　　热情练习 —— *036*

第四章　热情的复苏 —— 038
　　选择 —— 038
　　自我疼惜——从你所在的当下开始 —— 040
　　参与 —— 042
　　行动：对自己承诺！ —— 044

第五章　生理层面的参与 —— 045
　　行动：深呼吸！ —— 046
　　热情练习：深呼吸 —— 047
　　如何开始 —— 048
　　姿势 —— 048
　　深呼吸 —— 048
　　深呼吸的反应 —— 049
　　同伴/教练 —— 050
　　结束之后 —— 051
　　行动：去感知！ —— 051
　　热情练习 —— 052
　　热情练习 —— 055
　　行动：勇敢！允许自己去感觉！ —— 056
　　热情练习 —— 058
　　行动：动起来！ —— 059

第六章　意识层面的参与 —— 062
　　行动：唤醒你的欲望 —— 066
　　热情练习 —— 068
　　行动：纪律的练习 —— 069
　　热情练习 —— 071
　　行动：去冒险、表达跟创造！ —— 072
　　热情练习 —— 073

第七章　关系层面的参与 —— 075
　　原生家庭 —— 076
　　社会和文化：在平地上生活 —— 077
　　行动：释放你的过去！ —— 079
　　热情练习 —— 081
　　行动：学会与心连结！ —— 081

第八章　夫妻或伴侣间的热情 —— 083

在关系中维持热情 —— 085
行动：对自己承诺！—— 086
热情练习 —— 087
行动：一起做呼吸练习 —— 087
热情练习 —— 088
行动：两人一起感受！—— 088
热情练习 —— 089
行动：一起动起来！—— 092
热情练习 —— 092
容许差异的生活 —— 093
行动：建立界限与协议 —— 096
热情练习 —— 097
在沟通方面 —— 098
针对冲突 —— 098
行动：学习用心去连结 —— 099
热情练习 —— 100
热情练习 —— 101
行动：勇敢地面对彼此 —— 102
行动：既往不咎 —— 103
热情练习 —— 103
行动：激励与支持你真实的欲望 —— 105
热情练习 —— 105
行动：冒险，一起表达与创造 —— 107
热情练习 —— 107

第九章　结语：当下与日常生活的热情 —— 110

海文学院简介 —— 114
译者感言 —— 116

第一章　热情的意义

假如站立于生命的火焰之外

你仅仅只是存活着而已,无法尝试生命。

——葛斯·布鲁克斯（Garth Brooks）

对于要"如何活出热情"这个问题,每个人都会根据自己对热情的理解来回答。当我们深信对生命的理解,最好是从个人的体验中发展出来时,我们邀请你踏出第一步来参与以下的"深呼吸"练习。

热情练习

闭上双眼并且尽可能地放松自己,做一个深呼吸,但是用一种不同于平常的呼吸方式。放松你的下巴,嘴巴会自然张开,然后用嘴巴尽可能地吸入空气,大口吸气,用各种可能性将气吸到腹部,然后再往上到胸腔,让你的肺部完全被气所充满。呼气与吸气之间不要停顿与控制,透过你的嘴巴,让呼吸轻柔地来去。不要急,在吸气与呼气间不要停顿,感觉上呼吸的速度是舒服的,只是比平时的呼吸快一点。

至少尝试一次这个呼吸练习，去体会一下有什么感觉，接着继续做十次深呼吸，然后放松地让自己回复到正常的呼吸状态。

感受一下，你的身体与能量发生了什么变化，你可能感到轻微的头晕、刺痛、颤抖、体温的改变或有其他的感觉。你可能开始觉察到一些感受，比如悲伤或者是喜悦，也可能是一些回忆或想法。这所有的觉察，都是你身体与能量复苏活络的征兆。就好像你处在一个高度感受与知觉的状态中，而这高度的觉知也是通往更热情的道路。在呼吸时，你可能也会感到一些抗拒，而这样的感受也很重要，关于这一点，我们会在后面的章节中讨论到。

当然，有非常多的管道可以去开启更充沛的热情，有些人发现他们被音乐深深的感动。对戴维而言聆听歌剧《华丽姑娘》(*La Wally*)中，由玛莉亚·卡拉斯（Maria Callas）演唱的那首隽永的咏叹调"我将远离家乡"(*Ebben ne andro lontana*)就有独特的意义与感受；而仙蒂就比较喜欢伊蒂斯·佩夫（Edith Piaf）有个性、灵魂般的声音所唱出"我不后悔"(*Je ne regrette rien*)；或是细细品味由雷内·玛丽亚·莱尔克（Rainer Maria Rilke）所写的这首饶富韵味的诗文：

啊！在我们有需要的时候，可以向谁要求帮助？
不是天使，也不是人类，
那些我们所熟知的动物已经觉察到
在我们自行解释的世界中，我们并不感到真正的自由。
难道你还不明白吗？让虚无飞出你的双臂，进入我们呼吸的宇宙
也许这些热情飞翔的群鸟，更能感受到天空开阔的气流。

也许引领你进入热情的是一件艺术品，一项你所喜爱的活动，一张你所深爱的脸庞，或是一段沉浸在深刻感受中的回忆。但是这些热情的感受经验是什么呢？以下是一些朋友对这个问题所给予的响应。

热情是什么呢？

- 热情是能在生活中展现自我内在的欲望。
- 热情是一种感受——当我能与内在真实的自我同在，而且能允许这样的感觉充满我。
- 热情是我对某件事感到精力充沛。
- 热情是我选择去突破一些认知"我是谁"的限制，并且臣服于这个感觉。
- 热情是跟随生命的流动、有能量并感受到"合而为一"。

感受、能量和运动是领会这些热情的主要题材，我们也从字义中找到一些令人惊喜的洞见。

　　戴维：在许多年前，我担任一个小区危机处理中心的负责人，在一次的员工讨论会中，我的秘书拿出一本字典告诉我们"危机"这个词的其中一个意义是"转折点"。这个对危机的全新观点，把我们训练新员工的方法导入崭新的方向。虽然我不是语言学专家，但在字典上查询词汇与其衍生的意义，让我学习到许多知识。

为了便于讨论，我们整理出韦伯字典中对"热情"这个词的三类注释：一是对目标的渴望，二是强烈的感受，三是受苦受难。

一、强烈的情感、奉献、性欲、对目标的渴望

在第一类别中，热情的定义是：热情是依附于或归属于一个外在的物体、活动或一个人的身上的。你可能听到某人说"歌剧是我的热情"，也可能听说某项运动或嗜好是他的热情。在加拿大黑文学院我们所带领的"热情"工作坊中，学员们在讨论"寻找热情"的议题时，经常得到的结论是他们希望能在自身以外的别处去找到热情。

"热情是存在于自身之外的一个对象上"的想法是非常普遍的，仔细思考一下这些广告词："透过品尝我们又薄又脆的意大利比萨来体验你的热情"，"畅饮这瓶酒！将热情洋溢于你的生活中"。但是，热情其实不是存在于自身之外的任何一个物体、活动或人身上。更确切地说，热情是人类的一种个人的、内在的经验。当一个人表示某件事或某个人是他们的热情时，实际上他们所描述的是他们的热情与某个人或某件事的关系。假如把热情来源的焦点放在外在的事物上，通常会导致对外在人、事物较多的着迷而非热情。这个想法我们稍后就会探讨。

任何一个经验过或向往过浓烈浪漫感的人，通常会把热情理解与定义为性爱或性欲。然而，性欲和热情是不一样的！性行为毫无疑问的是有潜力展现出很大的热情，但性行为只是生命中去体验热情的许多面向之一而已。你的性欲并不是属于另一个人的，这个人只是你性欲的目标。当你对另外一个人产生欲望的时候，这个欲望本身就存在

于你身上。

人们通常以为热情是存在于自身之外的观念,它常常让人们花费大量的时间、能量和金钱去追求它。人们买运动装备、艺术用品、音乐与书籍,或是去寻找一位"对的伴侣"来符合自己浪漫的理想,人们去上课、参加工作坊、做个人咨商和找灵媒,尝试着一个又一个新的经验,只为了去捕捉这个难以理解的叫做"热情"的东西。我们的信念也是本书的中心思想,热情不是存在于自我之外,热情是一种内在的经验。

二、情感、强烈的感受、爆发的愤怒

对热情另一种通俗的理解,就是热情等同于情绪。大部分的人会同意热情包含了强烈的感受。举个例子,一个热情的人有时候会被别人形容为"眼中闪烁着火焰""腹中燃火"。另外一些描述热情的字眼包括了情绪化、火热的、有电的、颤动的。

热情通常也会与强烈的愤怒与狂暴画上等号。当一对配偶发现对方不忠实于彼此时而产生的愤怒、失控。我们会用"热情的罪行"来解释这种可能的暴力行为,这样强烈的感受确实是热情的一个重要面向,但强烈的感受与热情并不相同。"热情的罪行"也许会包含强烈的感受,但是,这个人固着在把他的配偶看成是他可以占有的目标,是更强大的因素。这种行为或许被称为"迷恋的罪行"会比较适当。

如同一种内在的经验,热情也是一种身体的经验,因为感受是从身体中发生,感受与热情之间的连结是很清楚的。但强烈的感受不一定会以明显具体的情绪表达出来。也有这样的可能性，当一个人感受到巨大的悲恸时却没有掉泪，或是感到强烈的害怕时却没有惊恐的表现。

相似的状况，一个人所外显表达出的强烈情绪，不一定意味着此人确实强烈地感受到或经验到了热情；一个喧哗笑闹的人，可能内心其实并不感到愉悦；或是一个大声哭泣的人，其实并没有碰触到自己深层的悲伤。

三、受苦受难

当发现受苦受难是热情的第三个注释类别时，我们产生了第一个惊喜。《韦伯字典》注释热情为"基督在最后晚餐的夜晚与他死亡之间所受的苦"。这个用法比前两个类别的注释更古老——回到十二世纪，但是却在最近借着非常成功的电影《基督的热情》而引起广泛的注目。在同一个情节里，带茎刺的西番莲花做成的皇冠，被戴到基督的头上。

在十三世纪，热情的意义已经被延伸到一般性的受苦经验了。但是现在已经很少人，在非宗教的背景中把热情这个词解释成受苦受难了。所以对我们所理解的热情来说，这样的解释是很恰当的。

这是很有趣的状况，热情的定义已经从早期受苦受难的观点转变成欲望、感情与奉献的观点。似乎，现代人比较喜欢热情是一个性感、快乐、愉悦的版本。学员们来参加我们的工作坊时，经常都会抱持一个信念：如果他们能拥有更多一些可爱的热情，他们的感觉就会好一些，生活也会更好。当我们揭露"受苦也是热情的成分"时，听到这个不受欢迎的观点，学员们深深地叹息，就一点也不奇怪了。

我们前面提到的歌手玛莉亚·卡拉斯和伊蒂斯·佩夫都经历着困顿的生命：两位歌手都藉由音乐表达出个人生命的苦痛，伊蒂斯·佩夫声称只有藉由歌唱来唱出她心中的苦痛，她才能忍受生命的煎熬。她把所受的苦具体地化成了热情，并且将热情的生命力带入她的歌曲，后来也带入了她的演出中。事实上，许多被我们定义为热情的歌曲，多半是悲伤与痛苦的歌曲。热情的人所过的生活范围是相当辽阔的，并且去经验苦痛如同经验喜悦一般。

> 仙蒂：最近我遇到了一个"苦痛有时候会呈现在创造出的热情之下"的经验。
>
> 我已经在计算机前挣扎了一整天，试着要写关于热情的文章，但一整天下来没有任何的进展，我觉得反感、抗拒，不安焦躁地开始抱怨了起来，写作这件事有多么的困难。为了要引发我的灵感，我找遍了能与我灵魂对话的音乐。无意间在储藏架的后面，我找到了多年前的一张CD，是芭芭拉·史翠珊（Barbara Streisand）的"高地"（Higher Ground）专辑。
>
> 当我聆听这张专辑时，我感到涌现的情感、泪水，没有任何原因，就是纯粹喜悦的感觉与更多的生命力。我感受到从我身体中产生了很深的震动、心口有些颤动，并且与一个比我更大的什么东西产生了连结。
>
> 于是我拿起一支笔，一支书写起来流畅平滑的笔，开始写下我的经验。温和的真诚的字句从我的心中浮现出来，而不是从头

脑中想出来。我从容地书写，没有机械式的技巧，我感受到开阔的气流〔向莱尔克（Rilke）借用的字词〕伴随着我从休眠状态中苏醒的热情。

这一处我有时会拜访的美好的所在是什么呢？在我这个生命里，我内在的交响乐团里拥有什么元素？如何确保它能再次回来？我能再次回归到这难以捉摸的热情状态吗？它是一个意识的状态吗？一个身体的刺激吗？还是一个感受上的撞击？这些都是。而我相信还有更多！

史翠珊在CD的内页中写着自己的笔记，描写她创作这张名为"热情"专辑的灵感与被启发的过程。她写着"热情就是去感受灵感被启发——拉丁文的解释是'去呼吸'"。在一位好友的葬礼中，她站在几百位哀悼者之中，她描述是坐在"悲伤的圣殿中"，她的心灵变得喜悦，心中满涨情感。这个悲惨失落的受苦经验，却促使这些"可以让人连结并启发他人的歌曲"得以诞生。热情有如繁复的线条纵横地交织着，这些线条包含着：不论是否看得到的创造力；不退缩的迎向世界的痛苦（同样的，有时这痛苦不一定是具象的）；内在的和外在的扩展；以及不一定被看到或听到的表达等。这是热情在启动、感受在行动。

人们喜欢怀抱着可以掌控自己与生命的幻觉。受苦受难与此幻觉形成对比。在臣服于无法预知的无常之前，有时人们的痛苦变成创伤。热情是一种个人的内在经验，活跃于本质之中，通常伴随着强烈的感受和挑战甚至"受苦"的元素。而热情还有更多更多！

第二章　心灵的压力

> 心灵跟热情很类似——是一种很深刻的体验。我不认为你若以全部的心灵在过日子，就意味着你在过一种和谐的生活。它就像是逆向行驶时造成的紧绷与温度，使生命更加的有趣。
>
> ——托马斯·摩尔（Thomas Moore）

热情需要你全然的投入——它不是一个可以给予的东西或是意外之中你可以得到的东西。它是活生生的，是一种围绕着你去选择与放下的生活方式，同时热情还能够呈现出你这个人最深刻的本质元素。

我们本身对于热情定义的了解是：我们相信热情是心灵表达时所产生的压力。

在现今忙碌的世界上，我们通常不会停下来考虑一下关于心灵的议题，更不用说个人心灵的旅程了。很多人根本没有觉察到自己跟心灵的关系，纵然心灵是生命与热情的泉源。我们的心灵原本就是跟真实自我最深的连结。真实自我不断追求的就是完整且独到的表达自己。心灵对表达的渴望是至死方休，甚至到死亡时都还未停止的。

你或许可以把心灵看做是你的各种可能性的组合——是尚未显露出来的、有着独特结构的星座图。有些类似一颗花的种子所含有的"蓝图"。就如一粒种子正在等待适合的条件,好让它活出那生命的蓝图来,长成独一无二的一棵植物——是它天生就该有的样子。你的心灵就是你的本质元素,是你专属的蓝图,等着要全然地呈现出来。

欲望

"人们"可能会有钱、有事业、有他们一直想要的家,但是这一切却无法抑止内心某个深处,在不断发出嗡嗡声的欲望动力。

——托马斯·摩尔

我们认为欲望是心灵对表达的渴望。像一把火一样,每个人的出生都是一股拥有巨大潜能的、震动着的能量的爆裂。这股压不住的能量刺激着每个人去表达自我:我们活动、学习、长大、变成现在的我。每个人与生俱来都有着欲望。

"欲望"这个词经常会被看做是"性兴奋"的同义词,不过欲望这个词确实有着更深更广的涵义。从词源学的角度看,欲望这个词的意思是"来自星宿",反映出一个古老的信仰,人的命运是由天上的星宿来决定的。

人生来就是要表达的,就是要伸出双手去探求的——或许最终就是要把手伸向群星!最近在《国家地理杂志》上有一篇关于脑部研究的文章提出:"……小婴儿从出生时就开始会寻找与探索……"伸手去探求是人类的生命中与生俱来的能力。去探求就是活着。

最近我们看到一张相当令人震惊的照片，是外科医生帮一个才二十一周大、得了脊裂症的胎儿进行手术。外科医生在母亲的子宫上开了一个小口子，这样他才能对胎儿做手术。外科医生的手很自然地放在子宫的小开口上，这时摄影机很神奇地拍到胎儿的手从那个开口的地方伸出来，抓住了外科医生的一个手指。这个小婴儿伸出手来抓住了一根手指！这一个极为突出的图像说明了关于人类无法否定的欲望，甚至在胎儿尚未出生的阶段，就会伸手出来做接触了。

然后渐渐地长大，一个刚会爬的小婴儿，会以最快的速度爬过地板去拿他想要的东西。在跟这个东西纠缠撕咬了几个月之后，他们马上会去找寻更新奇的东西。所有疲惫不堪的父母都会证实，小娃娃是非常有动力也很有能量的。

伸手探求是欲望的同义词。动机够强时就不需要再去启动它了。你根本就是带着这份与生俱来的"欲望"，带着这把生命之火而诞生到人世来的。你的心灵会伸出手来用自己独特的方式抓住机会去表达，我们都会以充满能量的方式去表达自我，像阳光一样放射出自己的光芒，证实自己的存在。

在逐渐成熟的过程中，我们之中有不少人因为无法再像过去一样，感受到那种有活力的震动而觉得不快乐。许多人常常感到空虚或是单调，这种感觉如果再加深的话，就会变得忧郁或绝望。就是这种无法言喻的还要"更多一些"的渴望，激发了我们对热情的追求。

戴维说：1970年代后期，在我观赏《歌剧名伶》（*Diva*）这部电影的时候,我很惊讶地觉察到我是多么被玛莉亚、卡拉斯那优美的、歌剧般的声音所感动着。当我的感动越来越强时,我告诉自己一定要买电影的原声带回去听,不过看完电影之后,我迅速地走出戏院并且"忘记"了这件事。我很讶异在二十年之后当我无意中再次听见同一段音乐时,我立刻热泪满眶。我不是常哭的人。

当我初次听到卡拉斯的歌声时,我的震撼是如此之强以至于无法忍受它。我被自己强烈的欲望给吓坏了,我认为自己所产生的强烈反应,特别是对歌剧的喜爱是自己无法承受的。所以我把心门与想法都封闭起来,就把它给忘记了。二十年之后,我的哭泣是因为认知到自己当时背弃了自己的欲望,因为我对那美妙歌声的感动一如过往。现在我已经拥有了这张专辑,并且常常在进行工作坊时分享这个故事并放卡拉斯的歌声给大家听。

欲望就是心灵需要被表达。当我们去回应欲望时,热情就出现了。

压力

艾密力·卡尔(Emily Carr)在谈到绘画的时候说:"向前流动,冲向障碍,不是要强行穿越它,而是当障碍产生时能立即与它共存。"我们认为生命也是如此。

跟阳光的照耀不一样,人的真实欲望升起之时并不是在一种真空的状态。欲望升起时立刻会遇见各式各样的"阻力"。比如说，小婴孩可能很想要去抓住一些物体，不过他首先要学会运用正确的肌肉。同样的，戴维曾经一度想要弹钢琴，要弹钢琴他就必须学会用一些特别的肌肉！在这样的情况之下，没有训练过的肌肉就会对这些欲望产生某种程度的"阻力"。

我们把无数的生命形态归类成：生理机能、人际关系与意识状态三大类，我们把它们称之为"生命的容器"。天生欲望的澎湃与生命容器的阻力——两股力量的拉扯，造成压力的增加，这也就是热情。两股力量互动的越厉害，压力与热情就越大。

以模拟的方式来看，想象一下一锅满满的水放在炉子上，火打开了，热度持续上升时锅盖是盖上的，水开始滚了，最后蒸汽冒出来了。欲望是能量的热源———一直不断地放射——锅子就是容器。当水蒸气的压力一直不断地增加时，锅子跟锅盖都会开始震动。这就是我们热情的隐喻：一股内在的压力不断增强直到我们潜在的能力开始震动。热情（压力）是欲望与生命容器互动的结果，就像蒸汽一样，它需要释放。

这股如滚水般能量的热情可以用来煮出一顿美食，或许有着科学头脑的人能把这股能量或蒸汽转化成更具创意的用途。但是多数的人只会让自己在压力更大而越来越不舒服时，想办法去减低它或是消除它。

我们在此时此刻所要面对的选择是，要以参与跟表达的方式去响应这个呼唤，或是要以脱离的方式去减轻压力并忽略它的召唤。

介入的可能性

充分去了解我们所描述的生命容器，能帮助我们更加明白选择热情的生活的可能性。我们以特殊的方式来运用"容器"这个词。生命的容器提供了一种生命的可能性，人们可以把各种观点包纳与投入——是一条让真实自我与欲望得以表达的大道。试想一个人若是有着想唱歌的欲望，他的声音就是这个欲望的容器。其他人的欲望可能要透过身体的律动、写诗或是绘画来表达。

想象欲望像电流一样，灯泡是它的容器。电流跟灯泡需要互动，同时电流透过灯泡才能发出光亮，只有在用对了方式时电流才会被"看见"。灯泡提供的是可供使用的途径，在电流通过时既有互动也有阻力。事实上，如果灯泡中的钨丝在电流通过时未能提供阻力的话，也就不会有灯光产生出来。电要转化成光，需要灯泡这个容器与电的互动，也需要灯泡这容器的限制性。

同样的，欲望跟生命的容器也需要透过互动才能表达出来，并且只有投入才能转化成为热情。只有在通过生命容器的体验时，才有机会觉察到欲望的存在。

我们把各种生命容器分成三大类：生理机能、人际关系与意识状态。在第五、第六与第七章中，我们要探讨的就是这三种生命容器。不过先让我们来看一下为什么有那么多的人选择了跟生命的容器分离，限制了对热情的体验。

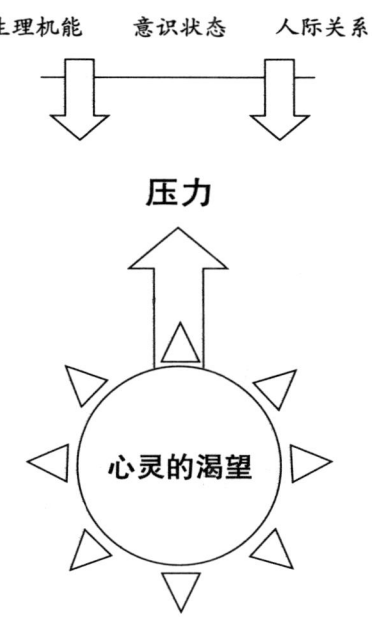

热情是心灵想要被表达出来时所产生的压力。

第三章　从热情起飞

我们需要火的温暖，但拒绝被火烫伤。

——戴维·怀特（David Whyte）

很遗憾，大多数的人都不太能忍受充满的热情与角度宽广的热情。当热情的张力开始增大时，我们就会因感到不舒服而焦虑不安，并且会找许多方法来纾解或驱散这些压力。

这是觉察自我存在与选择和生命容器接触的一种能力，虽然在表面上会感到无助、焦虑和渐增的压力，但这些压力也让我们的热情得以发展。这个相同的能力——有意识的觉察，成为降低我们因不舒服而升高的压力的工具，却也减弱了我们的热情。

细胞生物学家布鲁斯·里普敦（Bruce Lipton）提出：细胞在它的一生中只有两种选择：成长或防护。假如细胞觉知到所处的环境是有毒害的，它就会以防护的方式来反应；而当细胞觉察环境是滋养的，它就会以成长的方式来响应。身体内的每一个细胞都具有这个能力，因此每个人必然的都具有基本想要成长或防护的选择能力。

你一定有过这样的经验，当你的手无意间碰到一个烫的东西，你会立刻抽回你的手，甚至在你还没弄清楚到底发生了什么事时。这就是一个防护性的反应，也是一个人与生俱来与本能性的反应。而随着这逐渐增加的有意识的觉察力，让我们所经历的事物变得有趣。我们有能力对事物去创造与赋予意义，然后对这些意义以成长或防护的方式作出反应。举个例子，你可能极为害怕被别人拒绝，当你处在一种想象可能被拒绝的状况时，你会把这个状况看成像是一团烈火，然后在你可能根本没有意识到的情况下立刻掉头就走。很重要的是去了解这是你"感知"到的威胁所引发的反应。你身处这个情况，但其实你可能并没有经验到被拒绝。

相似的状况，一个人可能对"压力"所产生的反应——无助、焦虑甚至是强烈的兴奋感——这些经验也都让你认为像是一团烈火般，想将它推开。

这样的退缩并不只局限于身体的范围，因为有意识的觉察力导致人们更多样貌的脱离。有人可能因退缩而变得沉默，或是变得具侵略性但不参与生命。有人可能隐藏在幽默、健忘、混乱或是被包装成心智游戏的后面。人们非常有创意地运用许多资源发展出各式各样脱离的方法，并且恐惧到足以要频繁地去使用这些方法。许多珍贵的生命能量被用来脱离与生命的接触。

做出接触就是去投入、去感觉、去连结以及保持开放、活力与觉察。脱离就是变成不热情和失去连结，孤立、关闭、麻痹、"睡着了"。事实上脱离有许多的原因：解除因生活中的挫败感与焦虑逐渐增加的压力，远离刺激与兴奋所产生的恐惧，保护自己不必面对困难与不被需要的经验，甚至只是基于习惯。

不管原因为何，许多人开始去使用他们兵工厂中最好的武器——有意识的觉察力，让自己脱离而不去面对他们自身热情的能量。人们有能力根据这个觉察力作为基础而做出选择，就是在接触或脱离之间去做出最主要的抉择。

若去询问人们，大部分的人都会否认他们没有参与在生活中。他们会指出为了生存他们每天都非常忙碌，或是指出他们许多的附属品、成就与兴趣。人们很擅长于去想象我们已经充分地参与和活出生命，但蔓延在生命中的空虚、寂寞与绝望，却诉说了一个不同的故事。

为了要更加地热情，就应该期许我们对生活有更多地参与。我们可以先去了解人们如何不参与生命，又是如何减少了我们的热情。以下是四种脱离生命最普遍的形态：（1）替代品；（2）退缩；（3）压制；（4）扩散。

第一种脱离形态·替代品

让我们回到炉火上锅子的比喻，当开火后，锅中的蒸汽压力开始逐渐累积上升，想象一下，如果我们把锅盖打开一点点会发生什么状况，蒸汽就会从旁边跑掉，锅中的压力就会减小。

相似的状况也会发生，如果我们把能量投注在一些热情的替代品时，如强迫思考、神经质的活动、上瘾甚至是编造罗曼史或兴奋。

替代品是为了能减少压力而选择了一个想法、感受、目标、活动或一个人，而这样做会束缚一个人的能量与觉察力，也就更进一步地转移了一个人对自己真实欲望的注意力。这些都是"神经质的"、"被

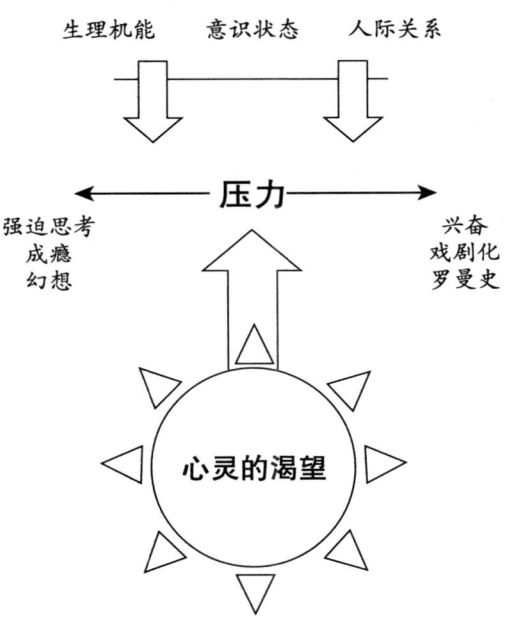

脱离的形态之一 替代品

想法驱动"、"以目标为焦点"版本的热情。一种较低能量的专注取代了充满能量的热情经验，也就是说更加地依赖头脑的思考与感受力的减弱。

作为替代品的目标、人或活动，会有正面也会有负面的性质。例如对罗曼史的评价就过高了，因为它事实上是以一种强烈集中在物化的、爱的吸引力，而排除了真实的热情。另一种看似正面替代品的状况是，一个人沉溺在追逐金钱与成就而获得社会的接纳。从负面的角度来看，也可能因为如此的沉溺而致失去工作、金钱以及关系。

虽然替代品跟热情真实的表达都可以释放"蒸汽压力"，但真实的表达会在选择了一个能与灵魂的欲望一致的方式时，就自然出现了，而替代品与心灵的欲望是不一致的。强迫、幻想、兴奋、戏剧化、上瘾都是常见的替代品的形式。

强迫思考

强迫思考是一种反复思想的过程，以至于一个人被"卡"在一个永无止境的循环中。它锁定一个人的生命能量和热情进入一个心智上的精神体操状态。通常当我们感到害怕或相信我们无法掌控时，"强迫思考"就被雇用来为我们处理无助的感觉。举例来说，某人看到报纸上报道了一篇关于朋友在专业上成就的文章，他会想："哇！她实在太棒了！太美好了！"接下来一连串的反应是"她确实做得很不错！……我不知道她做了什么努力，让她可以将工作做得这么好……她一定知道一些我不知道的事……也许我该去接受更多的训练……也许我就是不如她好……也许我哪里也去不了……这一天永远也不会来……等等"。这个人就陷在一个我永远不够好的强迫思考中。

> 仙蒂：我有时也会有强迫思考的倾向，有时候对我还挺有帮助；对于大部分我所接下的计划或工作，我对细节部分都会严密地注意。但我对我的强迫思考所付出的成本，几乎很难与所得的利益价值相比，强迫思考的每一刻都是失去连结的；那些时间我陷入自己内在的世界里。戴维有时取笑我说"做你自己肯定很困难！"而现在，我多半选择放下——放弃成为完美的（好像甚至连完美都是可能的），跟强迫思考相比我更喜欢接触。

常见的强迫思考包括了以金钱、未来、性、他人、排斥、失败、业绩以及食物为焦点。任何一件事物都可以成为强迫的焦点，在强迫思考的时候，是不需要任何行动的，只需要思想。

忧虑是另一种常见的强迫思考的形式，忧虑这个字曾经被解释为"在某件事上反复的运转"。就如同一只狗烦恼着要把一根骨头怎么办。戴维记得在他还年轻时全家去度假，他的父亲总会在路上连续几个小时大声地怀疑，担心离开家时他有没有锁门，火炉有没有关好。这就是一个强迫忧虑的例子。

幻想

幻想是一个替代品，也是一种强迫思考的形式，幻想是将焦点放在未来而且时常感到愉快。幻想是热情被压挤进一个较能被接纳、但不太可能达成的形式中。幻想是如何形成的呢？当我们认为某些行动超过了我们的能力，而对这些不被接纳或不可能实现的行动，就可能产生幻想。在幻想中我们不需要经历令人害怕的现实，然而我们仍抱着一丝希望。不幸的是，这不切实际的期待，也在为失望铺路。

为了要离开这两难的状态，人们必须重新拥有最原始的、纯净的能量。原始的能量必须被带回到个人的身体与生活中，不是为了要去实现幻想，而是要让这些能量起作用。当我们安住在这原始的能量中并从中展开行动，其结果是无法预测的——不像幻想是无法实现的！

一个人的生活中有着幻想，这并不会是问题。但重要的是你一定要停止生活"在"幻想中，如果你离弃了心灵真实的欲望，把原始的能量都转移去维持你的幻想，才是问题。

想象你的灵性就像是一个广阔无垠的、开放的、无止境的平原。当你幻想时，就如同你创造了一条幻觉的河流，流过这座平原，像海市蜃楼般，在遥远的另外一边，有着如果能得到会是多么美妙的东西（另一边的草地，一定比这边的绿！）。于是花费大量的时间与能量，渴望地凝视着远处。

想要找回你的热情，就是不再尝试去实现你的幻想，取而代之的是将你的能量投注在你周围的日常生活中。

兴奋

许多人试图要让自己能够更有活力、体验较少的空虚与疏离，而去寻求强烈的、有冲力的兴奋。兴奋时我们的肾上腺素激增，产生强烈的感觉与想去冒险，这样人们就不需要去跟随我们真实的欲望，也不需要去参与生命的容器。当人们去从事一个极端的活动时，是有可能"感觉"到兴奋但其实并没有安住在自己的身体中，没有仔细去咀嚼经验所带来的意义，也并没有与他人连结。这就像是人们需要极端的活动，目的是要让他们能感觉到某些东西，正是因为他们是如此的脱离。遗憾的是，一个人若要靠兴奋才能感到活力，就会对兴奋产生免疫力，以至需要有更多的兴奋来感觉。

戏剧化

相似的状况，许多人尝试让他们的生活变得戏剧化，而让自己感觉生命更有活力。将自己投入剧情中确实会觉得更安全，并提供了一个适度的距离，让你不用去真正感受一个人真实自我的深度。戏剧化就是故事：通常是关于某人被谁严酷对待的受害者故事、与潜在灾难有关的危机情结和勇敢的英雄故事。许多热情的活力成分都存在于这些故事中：一颗怦然的心、狂烈的愤怒或伤痛、自我与他人强烈的纠缠、过多的活动。无论如何，戏剧化并不是热情，而是一种造作的、外在的、短暂的"冲力"来源。戏剧化是将生命能量从自我中转移开来，所留下的只是一个瞬间就被遮掩的生命活力。戏剧化的皇后与国王必须继续编造许多新的戏码，为的是要维持他们对活力的感觉。

成瘾

现今在热情替代品的形式中成瘾是最普遍的。它被定义为一种重复行动的"强制"形式。明显的成瘾多是针对物质上的，如酒精、药物和食物上瘾。对工作、嗜好、运动和看电视的上瘾也相当普遍。有些成瘾我们甚至是无法觉察到的，如兴奋、罗曼史、被照顾或是掳获占有物。

成瘾的好处就是提供了一个有形的外在事物为焦点，让一个人可以集中心力于其中。这些上瘾是通过不间断的和时时增加的上瘾行为所养成的，而这行为可能演变成一个习以为常且煎熬的循环。当一个人试图要停止成瘾的模式时通常都会失败，他们所做的只是强化了成瘾模式。用这种方式与成瘾"奋战"，只会让我们离真实的欲望与拥有更多热情的可能性更远了。

替代品使我们以高度的掌控与很低的冒险去经验一个"很小的热情"，而不是比较不舒服但却是完整的热情。在接受较少热情的过程中，牺牲了我们深层的欲望与向往，而我们要为此付出的沉重代价，至少是感觉空虚、寂寞和无意义。

一个接受了替代品的人，可能会感到自己是格格不入的，或可能会认为自己一点也不重要。因此，这个人将必须去面对许多的"副作用"，包括在工作或关系中的每件事都开始恶化、失去金钱，更重要的是失去健康。

虽然替代品从表面上看来很好，例如一个人对追求财富的成功上了瘾，仍可能会导致深层的自我无法满足。一个人可能对替代品有很大的动力与野心，但通常在完成后，只会感到很少的满足感。因为替代品只是深层欲望的一个模糊的倒影，这个人只会留下更多的盼望。

对于用强迫思考或成瘾作为替代品的人，倾向于希望克服或摆脱这些替代品而"改善"自己。其实这是一条困难而极少能成功的路径——就如我们所认识的每一个一再尝试戒烟、戒酒或饮食过度的人。矫正的方法并不是去摆脱这些替代品，而是集中焦点于个人的真实欲望上。达成这个目的需要你对强迫与上瘾的觉察，承认它们，然后重复地选择将自己注意力的焦点转回到真实欲望上。当你将注意力的焦点放在真实欲望上，你就会对替代品变得比较没有兴趣，它们也可能甚至在你不注意时就消失了。

当强迫、成瘾和其他的替代品成为人们长久的习惯后，这就不会是一个轻松的过程。当我们企图想要改变这些习惯时，甚至都不需要思考，我们会再返回到这些习惯中，尤其是当我们在有压力时，只要能对自己所做的事变得更加地觉察，我们的抉择与坚持将会得到报偿。

第二种脱离形态·退缩

另一种处理火炉上锅子中逐渐增加的"蒸汽压力"的方法，就是直接把火关掉。许多人选择去减低这些对他们身体、心智与关系中有效的能量，是希望尝试去减低他们内在的压力（这些是他们的焦虑、强烈的感受与不确定性等等）。

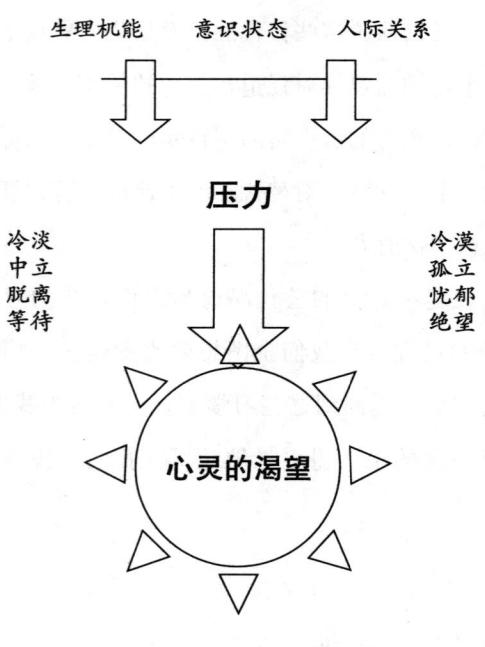

脱离的形态之二　退缩

许多的结构是从我们早年生活中,当我们控制自己去面对外在权威与事件时学会的。我们学会了用一些对自己最有益的、既定的模式或"姿势"来抑制我们的身体、呼吸和能量。孩子们通常学会"吞回去"他们的哭泣,不发出声音并限制他们的动作。任何一个这样的"姿势"都需要屏住呼吸,与我们的身体与感官知觉抽离。这会导致"逐渐死亡"——变得冷淡、中立、寂静。运用这样的掌控确实会减低我们内在的压力,但它也减低了我们的活力与削弱了热情。

戴维:在我曾经用来隔绝热情的许多替代品中,退缩是我最熟悉的形式。当我还年轻的时候,不论在家里、学校或是在社交场合中,我可能就会"进入自己的状况中",我能轻易地自我娱乐好几个小时,我偶尔还是会有想要独处或是孤立自己的强烈冲动。

等待

退缩中最普遍的形式之一,就是进入"等待"的情境中。"有一天"、"总会有一天"这类普遍用来表达的名言,支配了许多人的生活。

这故事是一个年轻的丈夫所诉说的,他在为他最近已过世的妻子收拾衣服给殡仪业者。他小心谨慎地从他妻子的抽屉里打开一个用棉纸包装的包裹。他打开棉纸说:"这不是衬裙。这是一套贴身内衣。"典雅的手工丝制品和有蕾丝边的装饰,上面仍挂着吊牌,标示着惊人的价格。这位先生继续诉说妻子多年前早就购买了这套内衣,而要如何地等到一个特别的场合来穿着。——他继续加了一句话:"哎!我想就是现在这个场合吧!"

我们都听过像这样的故事,哀叹在生活中所失去的机会。下面的一封告别信,据说是由盖伯瑞尔·贾西亚·马奎斯(Gabriel Garcia Marquez)写给他的朋友和同事的,曾在网络上广泛的流传,后来发现它是编造的,但我们还是同样的喜欢:

> 就算只有一刹那,上帝遗忘了我是一个破布娃娃,并给了我一小段生命……当别人都裹足不前时,我会向前行走。当别人熟睡时,我会让自己醒着。我会将自己先投向太阳面对它,揭露的不仅是我的身体,还有我的灵魂……我可以用我的泪水浇灌玫瑰,带泪去感觉玫瑰荆棘的刺痛,并含泪去亲吻红色的花瓣。

要过热情的生活,我们需要选择现在就去做,然后在每时每刻一再地做出这个选择。我们太过于经常去调整自己的需求而去等待着某事的发生:我们等待正确的人、正确的地方、正确的气氛、正确的工作——在我们愿意充分地参与自己、他人和生活之前。

当一个人的"热火"以退缩和等待的方式被熄灭,他们就会体验到寒冷、冷漠和沮丧。他们也许会失去这股推动力,开始从他们的身体/感受上分离,而经验到生命的无意义和变得单独和孤立。没有这种热火,人开始从寒冷中收缩和发现自己开始颤抖,居住在一个越来越小的保护自我的世界,这时所要面对真正的危险是忧郁、绝望和自杀。

对试图从退缩中脱离的人而言，让自己再回到热情的简单方法就是让火再次地点燃！就算一个消沉的举止或是忧郁的状态已经根深蒂固了，但是让热火再次重燃的任务还是很明确的。一个人身体／能量的"热火"可能由深呼吸练习、身体的运动和去发展更多感知的觉察来点燃。我们可以藉由开放自我和脆弱将（我们）自己带入更全然的关系，以及透过一些小的冒险来松动我们的行为，产生新的想法和信念来挑战自己，而启动我们的热火。

第三种脱离形态·压制

不是以关闭炉火或是释放一些"蒸汽"来舒压，某些人处理生命活力中压力增加的方法，是试图将"锅盖"压住并盖得更紧。这个人会尽力用越来越强大的力量，想控制他们自己和周边的世界。在过程中一天天地变得越来越僵化和渐渐产生较少的回应。这个在身体上"紧紧关闭"的过程，在紧缩各式各样的肌肉群以便保持身体的合宜时就完成了。一个人的关闭也可能是由于窄化了他们的想法、僵化地抱持一些既定的成见和严密的监视与掌控自己的行为。在关系中，关闭是因为一个人可能太过小心翼翼、总是警戒着或常常用谋略对别人予取予求。

因为大量的能量已经在用力紧紧地压住"锅盖"时耗尽，所剩下的可利用的能量，会因精疲力竭而最后流失殆尽。持续地紧缩身体，可能导致各式各样的身体病痛和出现其他身体上的症状。僵化的思考和严密的掌控行为，不仅仅在个人，也会在他们的工作状态和人际关

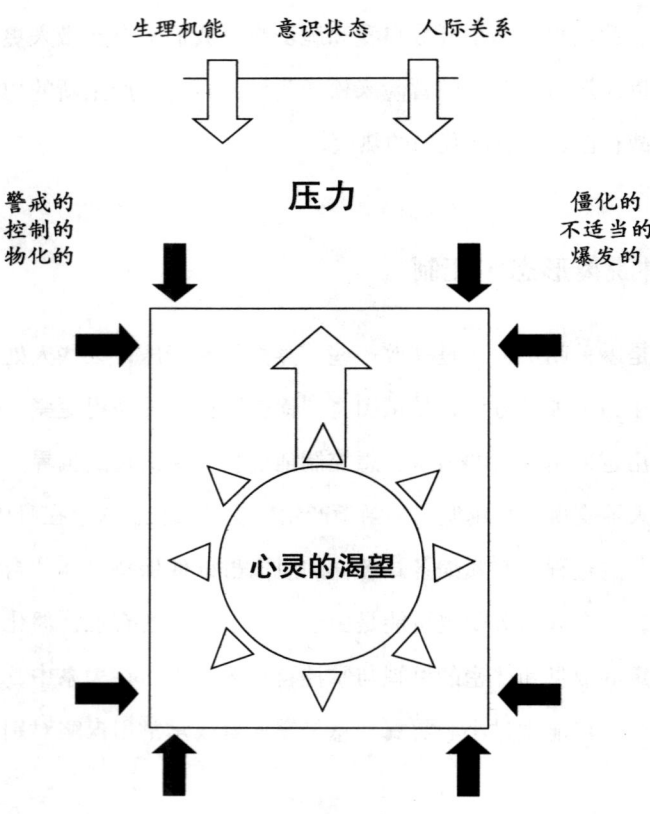

脱离的形态之三 压制

系中，明显地导致巨大的困难。持续增加的压力会以实时反应、指责和爆发性的斗争的形式呈现，当压力投射到关系上时，如果没有其他的表达管道，可能会引发严重的问题。

压紧锅盖是一个自我挫败的过程，因为这只会导致压力增加，需要更多的能量把锅盖压住不放。最后在持续增加的压力再加上累积的筋疲力竭，可能导致发生暴力的爆发、无法预料的"崩溃"或像是危机时那样的爆炸或"熔毁"。

以压紧"锅盖"来压制欲望的方式，可能可以由松开锅盖而变得更加有弹性和响应力来中和压制。这意味着要学会去"放手"，而这样的放手必须通过一个人的思考、感觉、行为和关系的过程才会发生。好消息是你不必让自己立刻去做到一切。一次一小步就够了。深呼吸是非常有帮助的起步。关于一个人如何紧缩自己的能量，以及用什么方式来僵化自己的思考、感受和行为的这些方面，能从别人那里得到回馈也是很有帮助的。

第四种脱离形态·扩散

最明显的减少压力增加的方式，就是立刻把锅盖掀开。蒸汽立即消散入周围的空气中。如果我们的"锅盖"是由以上所提到的三个容器所组成——生理机能、意识状态与人际关系——那么将锅盖掀开正如同把这些容器"移开"，导致自身与容器的分离。以身体为例，我们可能会用脱离感官知觉的方式试图"掀开锅盖"，比如将我们的注意力聚焦到别的地方，学会去忽略感受，或服用一些可以减轻痛苦的

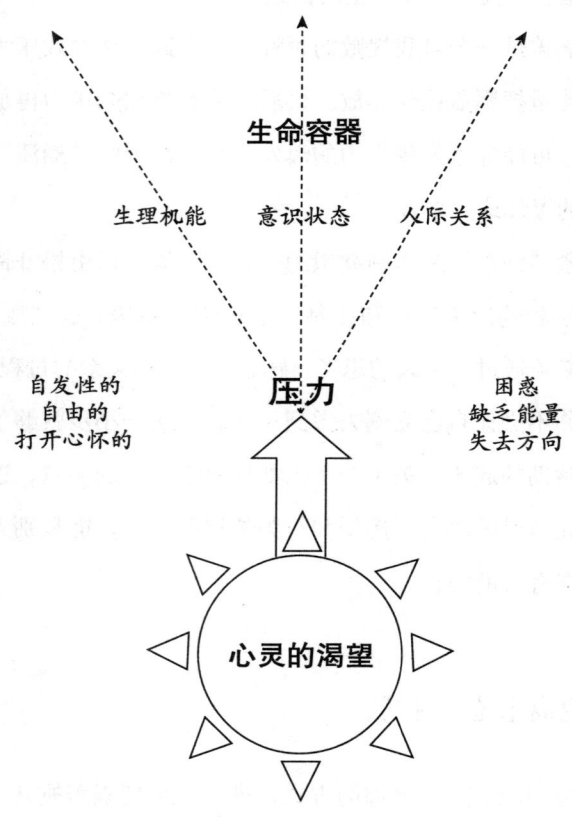

脱离的形态之四　扩散

药剂。某些人会去发展灵修,为的是有意识地脱离身体,也有一些人试图要"超越"身体。

我们也可能藉由保持完全地打开心胸,以自发性的、和无需承诺的方式来掀开我们的"锅盖"。某些人企图消除个人和人际间的界限和限制——一种在20世纪60年代"嬉皮"时代广泛运用的方法。这种"什么都好"的方法越来越常用在父母对孩子的教养上,也导致孩子在成长的过程中,相信他们理所当然地应该随时拥有他们想要的。这就为个人、家庭和社会埋下了许多困难的因子。

扩散的脱离形式可以看起来相当的具有吸引力。也许有人会说,他们可以"对任何事物都是开放的",或他们的状况就是简单的"安住当下",或他们不"附属于"任何事物。这种方法弥漫着一种自发性的和自由的气氛。

不幸的是,扩散的撞击力很少如传言中所说的那么棒。人们最终仍将发现自己是混乱、迷失或不被看见的。方向的迷失和无目的感觉,通常会引发"能量"不足。更进一步,如果接着发生"失去连结"的感觉,关系会变得相当的冷静和缺乏活力。回到我们的比喻:如果我们将炉火打开并把锅盖掀开,最后所有的水都将会被煮沸而蒸发掉。

那些透过扩散方式而脱离的人,最好是去好好了解一下,极限不仅只是生活本质的一部分,在发展热情时也是至为重要的。孩子需要了解自己的极限为的是来界定自己,而成熟的人必须学会自律和发展出对不同想法和感受的包容能力。

一个人不太可能只使用上述脱离方式中的一种。也许其中有一种是你"特别喜爱"的方式,但人们很可能使用某些组合的方式。不论是使用什么方式，可预期的结果总是脱离生命。

　　如果你愿意采用我们前面所建议的或是书里其他的应对方法，你一定会体验到更多的连结和更多的热情。当然你也会体验到跟起初一样不断增加的"压力"，在你要保护自己避免不确定性、深深的焦虑与挫折等等之时，为了去经验更多的热情，我们必须发展出面对这些压力时更大的容忍度和持续下去的意愿。

阴影

> 真实的状况是，存在于你生命中所有事物都是互为表里的，渴望和畏惧、厌恶和珍惜，想要去追求的正是想要逃避的。它们像光线和阴影般成对纠缠着，在你的内在移动。当一个阴影减弱到消失无踪时，余下的光线会变成另一道光线的阴影。
>
> ——卡里尔·纪伯伦（Kahlil Gibran）

　　能量无法被创造或被毁坏，只有从一个形式改变到另一个形式。我们的欲望，据说跟我们的"生命能量"是相同的。当我们脱离生命能量时，其实它并没有消失，而是被改变成不同的形式。当我们摒弃自我的某些面向时，我们就把它们贬抑到无意识或是"阴影"中去了。例如，一个人也许会相信说，他们最好不要太武断，而把这个武断的品质推入背景。他们把"武断"搁置在阴影中，可能在表面上显得温顺。

　　理论学家已经假设潜意识/阴影是一处"藏匿的地方"，一些我们尚未察觉的自我面向就藏匿在这个地方。肯·威尔伯（Ken Wilber）提到无意识是"意识的某些面向，但因为一些原因而不能完全被感知为一个有意识的对象"。我们锻炼自己选择性地不去注意自己意识的某些面向。

真实的欲望——与生俱来的深沉心灵的原动力——想要被表达出来，但我们不允许它被表达出来，取而代之的是将欲望推进无意识中并把它留在那里。但我们的欲望仍然伸手渴望能被表达出来，即使我们把它"贮藏"在这个黑暗又隐匿的地方。奇妙的是，这意味着即使在阴影中也存在着压力——一个被扭曲和晦暗版本的热情。

这些被保持在阴影中的能量，本身也需要能量。我们消耗能量来抓住这些阴影中的能量，到最后是会筋疲力竭的。被我们藏匿的热情具有巨大的能量，并且这些能量绝对是值得探索、了解、揭露和释放的。如果这样做的话，就是再一次地邀请我们真实热情的盛放。

脱离所付出的代价

我们在早年生活中学会了脱离，当我们面对无助感与体验饱满生命力的震动而被惊吓时，脱离是保护自我最有效的方式。我们非常擅长于脱离。但不幸的是，我们对脱离要付出昂贵的代价，在开始时我们通常都忽略了，一直到之后的生命中才要付出全部的代价。

脱离导致真实生命能量表象上的流失。我们使用"表象"这个字是因为这能量实际上并没有流失，只是失去联络了。不过，个体的经验是失去了真实的自我。这个人不再了解自己是谁，或他们真正想要的是什么。也许他们相当有能力来填满他们的日子和结交许多的朋友，但他们将永远无法感觉到真正自在的自己。

同样的，一个人会失去"连结"感。好像一个人并不真的有归属感，没有能力和其他人联络，好像被某一种障碍所堵塞着。这个脱离的状况可能会延伸到工作、休闲娱乐和其他所有生活的层面。这一系列的"失落"和各式各样的症状、疾病产生关联。例如，忧郁就直接跟压抑、退缩和脱离的生命能量有关。

热情练习

现在花一点时间想想这四种脱离的形式——替代、退缩、压制、扩散——你最倾向使用的是哪一种？其中你的想法、感觉和行为是什么？你记得这些是在你早年生活中所学习到的吗？

这是一个当你觉察到自己开始脱离时很实用的练习：

- 停下来，做一个深呼吸，然后问自己这个问题："在此刻我是如何停止自己去充分参与生活的？"
- 觉察一下，在这个不往前行的情况中，你有什么感觉？
- 承诺走一小步，带自己往前行。这可以简单到只是做一个深呼吸，和某人打个招呼，或与某人有眼神上的接触——承认别人的存在时，你自己的存在才能被承认。
- 更全神贯注地去看、去触碰和连结随便是什么人，或是你正在接触的事物。

- 再做一个深呼吸并觉察你的感受，觉察一下，你最初失联的感觉是否已经有了一些转变。极可能你现在会是更开放、好奇和参与的——这就是热情的开始。

去觉察一个人脱离的形式，是回到更加充分参与生命的第一步，因此会变得更有生命力。

第四章　热情的复苏

如果我什么都能要，我不会想要权力与财富，我会希望能拥有热情的感受与它所带来的各种可能性，我会想要一对永远维持年轻与热切的眼睛，这样我就一直能看见各种的可能性。愉悦会使人失望（因为它会消失，而且永远是不够的），但是你绝对不会对各种可能性感到失望（因为它永远在那里，不会消失，并且随时为你的未来敞开大门）。

——索伦·柯克嘉（Soren Kierkegaard）

选择

通向热情与有活力地活着，唯一的途径是学会挺身向前进入生命中，进入不确定中，并且选择全然地投入。这样做无可避免地要面对一些危险——放下已界定的自我与已熟悉的自我藩篱。热情沉浸在——从确知到未知、从熟悉到陌生——的各种可能性中。

如果不去参与生命，会有许多消逝的片刻、短暂的念头或是丧失的机会。扩大一个人的生命圈就是要真正地去追求梦想，伸手去探求那不舒服的或是不可预测的另一边，去拥抱热情的各种可能性。有些人害怕伸出手来去探求，是因为害怕承担后果，却不知道不论是否伸出手去探求都有后果要去承担，两种后果都可能会有困难。问题在于你是否愿意生活在自己选择要的结果中，并为之负起责任来。

维克托·弗兰克尔（Victor Frankl）在他经典的巨著《意义的追寻》中描述他在二次大战集中营的经验，他认为我们永远都有选择的权利。

所有的东西都能被拿走……但是最后身而为人的自由是——去选择面对不论任何状况时的态度，去选择属于自己的方式。

一个人面对生命的态度预示了他跟事件与他人的关系位置（正如飞机的"态度"——飞行位置是参照了它跟地面的关系）。一个人所选择的态度决定了他所身处的生命位置。对弗兰克尔来说，在集中营里真正的存活者是那些选择了要"活着"的人，那些人就是在受苦时也要选择去找到意义的人。

热情地过生活是带着可能出现的害怕、烦恼与痛苦，用自己独特的方式表达对自己的尊重，以你的条件冒险全然地投入生活。关键在于选择——承认你是有选择权的，不过直到你做出选择之前，一切都还只是在"可能"的阶段。

说得更清楚些，选择不是一次性事件，有时我们会希望是这样，但不是简单地作了决定之后就什么都不用再做了，只是等待结果的发生。选择是一个不断"去挑选"的过程，是一刻接着一刻、持续进行着的系列的抉择。我们需要培育出一个持续选择的态度，来取代等待与逃避的态度。

许多人卡在不知道自己要什么的进退两难之间，于是便不再往前行进。我们却认为往前行进比确定知道自己要什么来得更重要。这就需要去思考一个人想要的是什么了——我们更愿意称之为"主动的意愿"，也就是一直向前走的意愿。如果我们愿意走出第一步，任何形式的第一步，这动力就会开始带领我们。一旦我们开始走路了，自然会有一个方向，诀窍就在于要不停地走。

> 仙蒂：有时候，当我在生活中卡住的时候，我会记住这个指导原则，就是开始动。戴维常说的话在我心灵深处回响着。他是个坚决拥护运动的人，任何的运动都行，可以作为打破僵局的手段。每当我决定负起责任来选择走出第一步时，不论跨出的第一步是什么，对我自己的好处是，有一些变化，有一些伸展。

自我疼惜——从你所在的当下开始

> 旅行者啊，这儿原是无路的。路都是走出来的。
>
> ——安东尼奥·马恰多（Antonio Machado）

当我们在生命中卡住或脱离时，很可能会感受到一种渴望的痛苦，却常常不知道自己到底在渴望些什么。我们可能感到空虚、寂寞，切断了跟他人的连结却不知道是为了什么。我们可能会认为是该采取一些不一样的行动了，或是认为由于混乱的状况才让我们无法动弹。我们知道有麻烦了,但是当我们衡量了状况,跟朋友谈论或是阅读了帮助自我成长的书籍,我们很可能决定自己一定要有所改变了。我们可能会认为自己应该怎么想、怎么感觉与怎么做,才能改变,才能变成一个更好的人,于是要去终止或除去那些挡在改变之路上的自己原本的一切。

许多人在来找我们咨商时会说类似这样的话,"我太容易愤怒了,现在我快要因为愤怒而失去婚姻了,所以我要摆脱我的愤怒",或是"我发现自己总是在想着同样的事情,我要停下来才行"。所有曾经尝试着要"除去"什么的人,都会告诉你那有多么的困难,而且是多么的容易失败。

在我们试图想要除去什么、修理什么的时候,通常会让事情变得更糟糕。要求自我改进是建立在相信此刻的我是不够好的基础之上的,如果我能成为一个更好一些的人,那么一切就都没问题了。自我拯救则更加确定了你是那种需要被拯救的人。

所以除了试图成为一个更好的人之外,我们需要开始接受自己现在是个什么样的人。我们缺乏的是自我疼惜,在英文中自我疼惜(self-compassion)的字根与"热情"(passion)是一样的。疼惜(compassion)之前的三个字母 -com- 意思是"跟……一起",因此以我们的说法——自我疼惜就是跟一个人的"心灵的压力"在一起,跟一个人强烈的感受与"受苦"在一起。

对自己疼惜的意思是说,就算我们批判自己的经验是不够好的,还是需要接纳此刻我们的经验,而不是除去它。有时候看到自己实际的状况如何,是非常痛苦的事,我们很可能在承认这个事实的时候相当"受苦"。再说一次,这也是热情的另一个面向。如果我们想要有更多的热情,就要培养出更多对自己与他人的疼惜之心。

想想看一个有成瘾症状的人。他们可能确信要变得更好——更健康、更有活力——的第一步,就是除去自己的瘾。有些人确实做得到,不过更多的人是做不到的。我们建议更适当的第一步是:接受自己是那种会成瘾的人,然后学习疼惜自己。特别是这个人正在全神贯注地讨厌自己,并不顾一切地试着要除掉或是修正自己破损或毁坏的部分时,要对自己的行为做出正向的响应,这是非常艰难的。

在戒酒协会的聚会上,每个人在开始的自我介绍一定是说:"大家好,我的名字是……我是个酗酒的人。"

这个非常成功的计划就是建立在承认自己是什么样的人,自己能做什么样的事的基础上。就算在我们不认为自己是可以的情况下,承认了自己是谁,我们也就认清了自己有可能用不同的方式去参与生命。

参与

我们发现这样的参与,这种"成为其中一部分的勇气",是个人经验转换最重要的部分。它能带着一个人超越了解、释放巨大的情绪、轻易地让能量流动、感激自己有更强的觉察力、在拥有成功的社交互动后的满足感以及有着兴奋感而非罪恶感的性生活等。参与是生命中太重要的事,是不可以忽略的,它的经验是如此的广阔以至于无法缩小;太有价值以至于不可能失去,太坚强以至于无从否认。

——黄唤祥与麦基卓

我们所面对的最深刻的事是"不断地做出选择",也就是在我们以不参与的态度来保护自己的情况下,愿不愿意改变态度而重新参与生命,因此而得以重新跟自己的热情连结。去"参与"的意思指的是去"互相契合"、去"涉入"、去"全神贯注"。字典上说的是能让车辆往前走的"互相咬合的齿轮"。参与是一项涉入其中的行动——不论是跳舞也好,是工作也好,或者就只是跟人连结。

当然,我们也不是二元化的纯粹参与或不参与生命。有可能在某个部分我们参与生命,却在另一个部分不参与,也可能以不同的风格或强度对不同的状况做出表达或响应。不过,我们越是不能表达、回应或是跟人、事、物产生关系,就越无法体验到自己的热情。

热情最丰富与持久的形式是:当我们的能量与向外表达的行动是跟我们的心灵一致时——也就是当我们的抉择与行为跟我们真实的欲望一致,并且是全然地参与时。

越是有弹性、开放、有响应力以及跟人、事、物能产生关系时,一个人就越能参与他的生命。然而,这些特质与无法预测、不确定、焦虑是会携手并进的。这是一个想要体验生命的丰富性的人要面对的最巨大的挑战。

当我们尽量全然地参与生理机能、人际关系与意识状态等生命容器时,就等于我们邀请热情加入到生活中来。在下面的三个章节中我们要分头细细探讨每一个生命容器,我们也会建议你可以采取什么行动来激发你更加地参与生命。

第一个行动其实比较像是这三个容器的必需品以及附属品。它属于这个章节，因为对参与来说它是必不可缺的，它也是之后其他行动的起点。

行动：对自己承诺！

决定要涉入自己的生命，去参与。不论什么状况都跳进去——就是"投入"，然后继续下去。

第五章　生理层面的参与

> 生命的脉动跟人体血管的跳动非常接近。
>
> ——托马斯·摩尔

我们以人体的形式诞生于这世界。我们被赋予形体——是"肉身所造成",因此得以跟生命中的第一个"容器"相遇。热情多半显现在身体和它的能量中。你有可能对一个想法有着热情,并且也可能当你的身体无法全然发挥功能——譬如瘫痪无力时仍然是热情的,但热情大多数时仍是属于身体的经验。

通过这个主要工具——身体/能量的容器,你的欲望能够被表达出来,也让你的心灵能够发声。当然,像任何一个生命容器的本质一样,你也必须学会去应对身体/能量的容器所制造出的无数混乱和限制。

在许多通往热情的途径之中,身体/能量容器所提供的是呼吸、感官知觉、感受和运动。为了要体验更多的热情,我们将详细地讨论这些细节,并提供实用的步骤来练习。

行动：深呼吸！

> "呼吸"是个象征，也是个正向的帮助，让人的一生能不必贪婪地来与去。因为一个人呼吸的方式暗示了他生活的方式。
>
> ——艾伦·瓦慈（Alan Watts）

深呼吸练习是一个强而有力且直接通往更多热情的方式。希腊字根"精神"（psyche）所反映出的词汇如"心理学"（psychology），意思就是呼吸及灵魂或者是生命。其他的语言譬如希伯来语和阿拉伯语也在这些字之间有明确的关联，而事实上英文词汇"呼吸"有时候就是"生命"的同义字。在世界各地的许多健身、灵修和其他的修炼，都强调呼吸的重要性。有许多这样的例子，包括能量瑜伽、冥想、气功、全方位呼吸工作、运动和歌剧。

呼吸的行动包含了与创造和出生有关的吸气，以及与臣服和死亡相关的吐气。必须兼具吐气与吸气两者，人才能够存活。吸气与吐气这两个词共同引发了"灵性"一词的衍生，正是在生命中表达出了这股能量的追求并带着我们通往热情。

每一次呼吸都是生与死的时刻。这对人类短暂的本质是个多么简单的提示。许多年前，仙蒂听过一段话："看看在每次新的呼吸中，揭露了些什么！"她一直重视这个想法。当我们挑战自己可以与每次的呼吸保持同在时，我们将发现自己更愿意参与生活，并且比较不会扮演旁观者的角色。当你呼吸，并且好奇和开放地去回应未知时，想要去掌控生活的欲望也会减低。

不幸的是，从很早以前大多数的人就被既定的呼吸模式给锁住了，或许这个呼吸模式最好的命名是"幸存式呼吸"——吸的空气刚好只够活下去。我们在生命的早期就学会了抑制活力充沛的真实能量，而这需要极力地屏住呼吸才能完成。呼吸也反映了身体内在对外在世界的反应。当察觉到一个威胁出现时，不论是真实的或是想象出来的，都会引起身体中呼吸模式的戏剧化变动：停止呼吸和"冻结"对一般人而言是常见的状况。经年累月地，就成为立即反应，一个人的感受和情感就变得麻痹和被遮蔽了。

人们参与我们的工作坊或单独来找我们，他们拼命地想要去感觉，特别期望能去感受活力与热情。许多人想要从他们自我麻痹的状态中有所喘息，有人说，"我感到跟自己的身体是切断的"，"我感到非常的封闭"，"我不知道是否还能再感觉到任何东西"。他们通常都会很惊讶，有时会很高兴地发现像呼吸这么简单的事，能产生这样一个深刻而激活的作用。我们总是支持深呼吸是向更热情的生命所迈出的第一步。

热情练习：深呼吸

你也许记得，我们从呼吸的练习展开了这本书。这是试图让你"品尝"一下呼吸所带来的冲击。为了能有更多的经验，我们建议以下的练习。

这练习可以单独做或与同伴一起做。不论是陪伴或给予回馈，我们鼓励你尽可能地与同伴一起做练习。与朋友在一起时更可能处在"有关系"的状态,有助于彼此的开放和回应。以下的建议是一个指南而不是规则。你可以自在地去改编它们,以便对你有用!

如何开始

- 找一个私密、舒适而不会被打扰的地方。
- 最佳的基本呼吸姿势是躺在坚实、平整的地面。譬如,覆盖着地毯的地板。
- 准备面纸与一条毯子可随时使用。
- 脱掉手表、眼镜、首饰,并且松开较紧的衣物。
- 我们建议大约进行二十分钟呼吸。

姿势

- 躺平你的背部,在你的身体或头下不需要垫枕头。
- 膝盖弯曲,双脚平放在地面上,两脚分开大约六英寸,手臂放在身体的两边。
- 大部分人比较喜欢闭上眼睛。

深呼吸

- 用你的嘴开始深深地呼吸。
- 呼吸到你的腹部,然后填满你的胸口,直到感觉到是一个完的呼吸。
- 呼气时你的嘴仍是张开的（在呼气时，可以发出声音，甚至可以鼓励同伴发出声音）。
- 反复深呼吸。
- 再深一点的呼吸，但只要比正常的呼吸再快一点点。

重点是记住这个呼吸练习没有什么目的——不需要达到什么任务，而且也没有一个完美的方式，你所要做的就是深呼吸！一旦你复习了这些指南后，就不要再管这些指南，专注地保持"当下"继续的深呼吸——你的身体会接管一切，用对你最好的方式呼吸。

深呼吸的反应

只是做一些深呼吸之后，许多人会体验到以下的一些反应：

- 轻微的头昏、晕眩。
- 刺刺的，特别是在脸部和手指。
- 在肌肉的部分感到小小的抽搐或震动。
- 特别是在身体的末梢神经，四肢会觉得冷。

这些都是正常的，通常都会渐渐消失。如果这样的感觉一直持续或你有些担忧，只要中止深呼吸，张开你的眼睛并且坐起来一阵子。

当你感到比较舒适后，你也可以选择再开始深呼吸。

当你继续深呼吸时，可能体验到：

- 身体感到温暖。
- 通常从腿部开始颤动或发抖。
- 产生更深的感觉。
- 出现一些想法和记忆。
- 某些人在深呼吸中会"飘走了"，这会有不好的结果。所以设法跟同伴说说话或在身体上有些接触，让你保持当下或是张开你的眼睛。

同伴／教练

- 保持当下和连结：你是一个同伴、朋友和帮手。
- 你的接触可以是语言的、身体的或者是"精神的"。
- 语言上的接触：可能包括让他安心，问你的同伴状况如何，或者给一些回馈。但话应该是越少越好。
- 身体上的接触：清楚得到呼吸者的允许之后，可以用一只手放在其肩膀上，或是轻轻地碰触其身体，来提醒呼吸到手所指示的地方。
- 精神上的接触：把你的注意力和关心集中在呼吸者的身上，并保持同在。

结束之后

- 当你做完深呼吸时,不要太快起身。
- 张开你的眼睛,和你的同伴进行眼神的接触。
- 慢慢地将身体滚动到一侧边,然后柔缓地起身并坐起来。
- 花几分钟的时间,来谈谈自己的体验。

行动:去感知!

> 我们在品尝感官知觉中发现灵魂……当我们吃了一个多汁的葡萄或啜饮了一口酒时,我们就像是天主教弥撒所验证的,让神进入我们之中。去感觉与品尝那令人脸红、香味甜美、浓烈而刺鼻的酒,这再次告诉我们,只有通过感官知觉才能了解我们存在的质感,了解意义的神圣层面。
>
> ——托马斯·摩尔

我们透过感官的过滤来接触我们的生活:视觉、听觉、触觉、嗅觉和味觉。无疑的,通常热情是与创意的表达连结在一起,而创意的表达需要感官知觉,例如艺术和音乐,或直接的身体经验,像是性或舞蹈。若要变得更有热情,我们要能更易于感知——要能觉察、投入和欣赏我们感官知觉的经验。

热情练习

现在花一点时间，将你的每一个感知带入你的心里。如下：

- 视觉　试着想想你正在一个长长夏日的黄昏，观看深红色的落日，似乎心中柔软的伤感一刻一刻地在增加。
- 听觉　想想你正在倾听着一段特别感人的音乐，或正与朋友进行一次衷心温柔的交谈。
- 触觉　想想在初恋时，那令人兴奋的、怦然心跳的第一次接触。
- 嗅觉　回想一个突发的、无预期的、洪流般的感觉或回忆，它甚至可能只是一个微妙的气味所引发的。
- 味觉　回想当你的味蕾对巧克力、草莓、柠檬或其他令人愉快的口味敞开时而流口水的经验。

你可能已经注意到了，你对其中的一项或更多的感官知觉有所反应，即使我们只是要求你去想一下。这也证明了我们的觉知经验所带来的冲击。

许多人会把这些经验描述成热情在他们身上，或者这就是他们自己的热情。但我们却不如此认为，你必须**能够**觉察并去体验接踵而来的感官知觉信息，热情才会产生！热情包含了强烈的感觉，而感受的觉察是要求我们必须与身体的感官知觉连接。我们体验感官知觉刺激的能力越少，就越不容易体验到我们的热情。

孩子经常被教育去忽略他们的感官知觉是很普遍的现象。这在日常生活中的某些方面是有必要的，例如，首先孩子就需要去学习延迟直接想要排便的身体感觉的反应——我们称为上厕所的训练。不幸的是，许多父母训练他们的孩子在必须在意的时候还是去忽略感官知觉。所以我们常听到父母对孩子说，"那不痛"，"你不可能已经饿了"，"这不烫"。

在成熟的过程中，我们学会了否认我们感官知觉的能力，其结果是否认我们的感觉，并且还明白了这是一个很好的保护自我的方式。例如，以叫嚣和愤怒的声音来呈现时，某些孩子就学会干脆拒绝聆听。

> 戴维：J.D.是我的一个成人咨商个案。J.D.的听力和视力变得越来越敏感了，他必须戴上太阳眼镜和耳塞才能出门。经过了好几年，J.D.曾找过许多专家协助，但他的问题却越来越严重了。他辞去了工作并且非常不快乐地将自己囚禁在家中。当我们探究得更深入时，J.D.终于谈起大约二十年前所发生的一次剧烈的创伤事件，他被当时他所看见的景象和听见的声音的恐怖惊吓过。我重复对J.D.说这些话语，并且大声地问他，是否这就是他视觉和听觉过敏的起源。J.D.眨了几次眼睛，静默着，然后开始点头。在几星期之内他的听觉和视力开始改善，几个月以后，他告诉我他已回去工作并且做得很好。这个例子，说明我们为了达到保护自我的目的，可以产生惊人的力量去影响我们的知觉和感受。

在约瑟夫·契尔顿·皮尔斯（Joseph·Chilton Pearce）出版的《超越的生物学》中的研究报告，指出了一个已发展了四十年令人警醒的趋势。

通过这项针对 4000 位对象、历时二十年的研究计划，教授们提出了德国大学生们在感官知觉和一般性的觉察上有衰退的现象；在美国的大学生中类似的观察结果也被注意到了。学生们的学习模式也出现了全面退化的现象。研究指出学生们对感官刺激的敏感度，大约以每年百分之一的比率逐渐减低。一些微小的感觉渐渐地从觉察中被过滤掉了。他们认为现在需要头脑即刻做出反应，才能在意识与官能中留下印象的知觉，可以用德语中粗暴激动的刺激来描述。

皮尔斯阐述："在某些强度或重量水平以下的知觉信息是无法被接收的，因为它没有充足的力量穿越网状结缔组织的活化系统（RAS）的门坎，而进入意识的觉察与感官知觉。"

而我们必须去思考的是，人们被大量的刺激所淹没，在我们的身体和情感的健全上可能带来的冲击。皮尔斯针对这一点指出，人们享受愉悦和美感的层次已戏剧化地跌落了，因此"意识也更加地被制约……头脑处理更强层次的信息，而我们的感官信息就更不容易被意识到了"。

这个在意识中模糊且随之退化的知觉，已经显示出对我们是有很深刻的冲击。在皮尔斯的书里更进一步的研究指出，现在一般人平均在特定的颜色中只能看出 130 种不同的色度，而在二十年前，人们可以辨识出 350 种色度。与过去几年 30 万种声音的比较，现在孩子只能区别出平均 18 万种声音。五十年前学生平均的词汇是 25000 个，而相较于现今只有 10000 个词汇。

这些研究结果显示，如今的青少年需要持续地接收强烈的刺激，如果没有这些刺激的话，他们将会陷入知觉隔离的危险中，焦虑、忧郁和许多反社会行为都与知觉隔离有关。医疗机构对社会上逐渐增加的敏感度减低和随之而来的退化，其反应多数是开出各式各样大量的药物处方。

如果我们要抵抗这个敏感度减低的趋势，必须采取复苏我们知觉能力的措施。在日常生活中有许多可利用的机会来实践。例如，你也许可以尝试放慢你用餐的速度，因此你可以去觉察每一口食物的——味道、纹理和温度。甚至清洗碗盘也可以成为一次知觉的冒险，如果你集中注意其颜色、盘子的触感及各种锅子的重量。我们是这样加紧地过完生命的某些面向，以至于在过程中失去了自我。

更多知觉的冒险机会包括去美术馆或画廊、尝试动手去绘画、聆听不熟悉的音乐、帮别人或让别人为自己按摩等等。明显地有许多知觉经验的可能性。真正的问题是你准备好要去做什么。

想一个你愿意去开创的知觉经验，并承诺在往后的四十八小时之内去实践。

热情练习

当你下次练习深呼吸时，密切地去关注你呼吸时实际上的动作——看看你是否可以觉察到空气进出你的肺部。注意哪些肌肉是你呼吸时所会用到的，并去觉察那些肌肉的运动。觉察你在体温上微小的变化。当你继续深呼吸时，从头到脚做一次身体的"扫描"，注意哪里有紧绷、颤动和其他的感觉。

行动：勇敢！允许自己去感觉！

热情经常被看做是强烈感受的同义字，而此字的真意是"跟心有关的"。勇气（courage）的字根是拉丁文的"cor"，意思就是"心"，有勇气就是有"心"。有勇气就是带着感受和热情的生活。

备受赞誉的神经科学家康蒂斯·波特（Candace Pert）在《情感里的分子》（*Molecules of Emotion*）这本书中提到认为感受是身体的沟通系统。她说感受是大量交换的信息，通过神经传导在整个身体与心智中旅行。这些神经传导体，透过共鸣的过程与细胞交互作用：细胞以振动来回应神经传导体的振动。波特说：这好像是神经传导体在"对细胞唱歌"。我们把全身所体验到的"唱歌"这回事，称之为感受。如果"抑制"了感受，我们就制约了身体细胞沟通的能力，并危及到我们的健康和福祉，也限制了自己去体验热情和更深刻的生命力的可能性。

有些人太善于抑制，因此他们确实无法察觉他们的感受。

> 仙蒂：我曾在很多场合跟一些人共处时观察到，他们眼中有泪，只因他们学习到了自己没有意识到这一点（抑制自己的感受），对自己任何内在的感受也确实没有觉察。从很久以前，我就学会了不去假设别人有什么感受、如何去感觉、或是认定他们根本没法觉察到感受。我自己是一个非常擅于分析和坚持认知导向的人，再教育一个人的头脑去把他的身体包含进来，这非常困难，但我很感激这个过程！

许多人多多少少在有意识的情形下，决定去压制某些感受。最近一位客户来做心理咨商，说她是在容忍生命，她只是计算着时间直到日子过完，也就是直到她死去。为了更进一步的探索，我们追踪到了一年半前的一次攻击事件。在一次与她的丈夫特别暴力的争斗之后，因为害怕会失去他的关系，她决定不"允许"她的愤怒再出现。这名妇女有一段很长的受虐历史，而她学会了使用她的愤怒作为生存工具，一种在面对自己的无助时能感觉到活力和坚强的方式。现在她选择压制自己的愤怒，她放弃自己的生命能量，紧压住锅盖不放手。她失去了接触和连结自我与他人的唯一救生索。她宁愿压抑着愤怒的感觉，而不是为了她自己和关系的利益去学习安全地使用这强而有力的能量。

在这个例子中，感受经常被看成非黑即白，不是"正面"就是"负面"的经验。正面的感受比如愉悦、欢乐、幸福和兴奋，是人们喜欢与想要的感觉。另一面"负面"感受比如愤怒、恐惧和受伤，经常被认为是危险和不受欢迎的。我们付出了很多的努力去寻找正面感受，并且极力防备负面感受的产生以保护自己。

体验热情，我们首先需要认知"负面"感受不一定都是坏的或不健康的，然后允许我们可以接近自己感受的全部范围与深度。康蒂斯·波特认为我们需要去承认并且认领我们所有的感觉，而不仅仅是所谓的正面感受，她说："只有当这些感觉被你否认时……情况才会成为有害的。"

仔细思考不论是"负面"和"正面"的感受，都是强而有力的资源的可能性。我们花了许多的心力去遏制我们的愤怒，不去感觉恐惧，掩藏创伤，甚至将我们的喜悦减到最小。没有了这些感受，就剥夺了我们生活的丰厚和活力。假若我们能允许自己改变而去利用这些资源呢？我们可以从"重新定义"我们对这些感受的了解开始：

◎ 愤怒　一种向外移动、强而有力的感觉。是帮助一个人站起来、界定界限，并且勇敢地在生活中挺身向前的必要感觉。
◎ 受伤　一种呈现出脆弱的，向内移动、柔软的感觉。允许内在的觉察，也是开启亲密接触的钥匙。
◎ 恐惧　一个经常被诋毁的能量，可以通告威胁将至时，能准备好立即行动。
◎ 喜悦　一种扩张和放松的感觉。强烈地想要伸出双手并拥抱生命。

热情就是允许和接纳一个人的感受。感受如海浪般流动，也是相对短暂的，当他们不"固着"时，感受会呈现真实的形式。在热情中我们充分和强烈地体验感受。为了维护我们的感受如浪潮般流动，我们必须学会表达出愤怒、创伤、恐惧和喜悦的感觉。

热情练习

每个人都有感受，但也许你没有觉察到，或无法用言语来表达感受。如果遇到困难，以下的步骤或许是有帮助的：

提醒自己，拥有感受真的是可以的。

问问别人，你是否能和他们聊聊天——做出接触。

深深地呼吸。

向与你在一起的人，描述你身体的感觉（例如"我的手是冷的"，"我的喉咙感觉紧紧的"，"我的心跳加快"）。

选择最适合描述你当前经验的感觉——哀伤、愤怒、害怕、快乐——并且说"我感觉……"如果你不确定，就用猜测的！

一旦你开始陈述了一个感觉，你可能开始觉察到其他的想法与感受，这种感觉与你现在的状况有什么关连。就说说你觉察到了什么。

继续谈论任何相关的记忆。

如果愿意的话，邀请对方加入谈论。

行动：动起来！

这里有一个简单的建议得以增加你的热情：动起来！被卡住或被固着的状况都是与热情对立的：就去动吧！不动虽然也可能产生热情，但动起来经常会增加一个人的活力。不幸的是，对于健康与活力至关重要的运动经常被忽略。这个说法对以微妙的方式运动的震动来说特别的真确。

你可能还记得高中时所学的生物学和教课书中细胞的图像，是圆形的且由细胞膜围成界限，而里面的结构有细胞核和核糖核酸。关于那些图片的一个有趣的事实是，细胞实际上是不停地在运动，全身都在震动的。为了要让那些可爱、静止的图片出现在你的生物课本里，让你看到细胞的内部结构，科学家必须将细胞浸泡在溶剂中，来停止细胞的运动。他们实际上必须杀死细胞。显然那个时期认为，细胞的结构和功能是最重要的，而细胞恒定的运动只是对研究的阻碍。细胞的运动是件麻烦的事。

斗转星移，细胞生物学家布鲁斯·利普敦（Bruce Lipton）主张，运动就是生命！运动对生命所有元素的结构和功能来说是重要的。康蒂斯·波特的观点认为，细胞之间是以相互共鸣或透过运动的形式来沟通的。

运动也是形成很少被我们提及的"第六感"的基础。这感觉被命名为"本体感觉"，让我们能觉察形势、位置、方位以及我们身体和其他部位间的运动。就是它让我们伸出手去探求我们看不见的东西，同时在我们那样做的过程中知道自己的手在哪里。

从受孕的那个刹那起，每个人都被召唤要透过运动而参与生命。一个新生婴儿令人难以置信的运动是很明显的，他们的震动是那么有活力，以至于整个身体"闪烁着"，每个呼吸、每个声音，如波浪般从头到脚通过他们的身体运动着。

在过往的生活中，我们学会了控制我们的呼吸、声音和我们行动的每个面向。当然，为了走路、谈话和在社会上生存，控制是必要的。但是，过多的或是习以为常的控制是不健康的，导致生活能量受到限制并削弱了行动。为了变得更充满活力和热情，必须重新去连结我们的震动和运动的能力。

以下建议看起来似乎很容易，但很容易忽略它们。

开始运动！任何的运动都可以做。尝试跳舞、走路或健身运动。让自己玩得开心和伸展你的极限——如果你已经会跳舞，就去学习一个对你而言更挑战的舞步。如果是散步，走些新的路线或与朋友一起散步，练习深呼吸和真正地专注于你的身体。

发出声音！让所有的表达都浮上表面，赋予它声音、话语、咕噜声或咆哮声。大多数的我们极力压抑了声音的表达。发出声音能提高身体的振动和帮助我们松开紧握的控制。或许，你对个人隐私有所顾虑，允许自己在开车时，一个人散步或在洗澡时发出声音。

让自己全身流汗！选择一个活动，然后竭尽所能地全力以赴——不论是骑自行车、跳舞、举重或是做爱。不要害怕去充分地使用你的身体和能量。你的能量是一种可以更新的资源！全身心地投入吧。让自己热起来。满身是汗。筋疲力尽。然后，注意你的知觉和感受。你是否感到更有活力了？

第六章　意识层面的参与

> 真正的发现之旅，不是为了要找到新的土地，而是要用新的眼光去看待一切。
>
> ——马赛尔·普洛斯特（Marcel Proust）

当我们身体/能量的容器成为热情主要的路径时，如果我们不能用第二个容器"意识觉察"去涉入时，热情的花朵就不可能开放，热情也就不会产生。

看看那动人的尚多明尼各·波比（Jean-Dominique Bauby）的故事吧！这个令人惊异的热情的故事，超越了身体的限制、感官的限制，甚至超越了多数人类在沟通上的限制。这是一个多好的范例，把有意识的参与作为一条接触、活着与热情的道路。

波比是一个四十三岁很有成就的 Elle 杂志的主编，他的生命在一瞬间完全地翻转。一次剧烈的中风导致他因脑血管的伤害而脑干受伤，使他处于医学上称之为"闭锁症候群"的状态。在这种状态的人心智是活跃的，但完全无法说话与移动。身体完全无法移动，语言功能完全丧失，几乎所有跟外界沟通的方法都失去了。不过波比的心智保持着丰富的记忆；一个生动的且具想象力的心灵，努力地跟想要歼灭他精神生命的力量抵抗着。

波比保有了唯一的一个能跟外界联络的方法，就是他可以眨他的左眼。透过漫长与痛苦的过程，找对了字母，就眨一下左眼，来拼出一字一句，他"口述"出了他的想法，呈现了他在闭锁的个人监狱中丰富的内在世界。这个过程引发了他的书《潜水钟与蝴蝶》的出版。

波比体会到他的热情了吗？如果说热情是"心灵要表达时的压力"，那么我们认为他确实做到了。波比参与了他极度受到限制的容器，被他形容成一个无形的潜水钟，像一个监狱一样地包住了他整个的身体，"就如关在罐子里的心智"。全靠找到表达他内在的痛苦、愤怒、悲哀、幽默与机智的方法来维持他的活力。他能够使用他"无尽的感觉水库"，试图保持活力，让他自己跟外界维持连结。

书中有一段，波比提到许多次当他回顾时，记忆是加倍的痛苦：

> ……后悔一段消逝的过去，最重要的是，痛悔那失去的机会……那个我们不能去爱的女人，那个我们未能抓住的机会，那个我们任它轻易流失的快乐的刹那。今天我回顾生命，似乎此生除了一连串的错失之外，什么也没有了；好像一场竞赛，我们事前就知道输赢，却把筹码下错了地方。

他的书是最好的证词，说明人类内在世界在最困难的环境下，仍然有着创造意义、目的、热情的能力。尚多明尼各·波比在他的书出版两天之后去世。

有意识的觉察是人类反应自己存在的能力，并构想出新的可能性。对周遭发生的事我们能做出新的诠释，了解我们自己存在的不确定性与不稳定，并且知道我们自己的无助——这一切都跟我们持续不断的震动着的活力一起发生，是令人振奋的，同时也会引发出焦虑的。

很多人在观看一幕壮丽的日落时会体验到巨大的热情，特别是跟自己相爱的人在一起时。这样的经验为什么有如此巨大的冲击力？现在请你想象日落时你最忠心的狗就坐在你身边，你认为你的狗儿能意识到那是日落吗？我们不认为如此。

差异就在于你能有意识地觉察到日落，并且创造出一个意义来而引发了感受，而你的狗是做不到的。或许日落的感受特别深刻，是因为我们意识到生命的本质是短暂的，太阳落下去意味着我们自己总有一天会无可避免地消逝。

觉察对热情的体验是非常重要的。虽然不去反思，我们仍然会有知觉、感受与体验，但是我们却失去了与它们之间所产生的脉络与意义。不去反思的话，我们的痛苦与欢乐都只是浅尝即止。有意识的觉察让我们逐渐形成"反馈的圈圈"，我们先有了经验，然后会去觉察这个经验，在觉察的过程中加以体会。每个透过觉察所产生的圈子，或是反复的重述，都能更加深我们的经验并使我们热情的基础更深。

当我们追溯一个人从出生到成年热情能力的发展时，我们会发现觉察是成就热情最重要的角色与证据。前面曾经说过小婴儿会表现出来大量的欲望与动机。他们能够确实地展露强烈的感受，并且用你认为不可思议的宏亮的哭声去表达。小婴儿无疑是跟他自己身体的容器在相遇。我们曾提起过这些带领我们通向热情的元素——欲望、动机、强烈的感受以及生命容器的参与——小婴儿都有，但是通常小婴儿却不会被认为是热情的。他们所欠缺的就是有意识的觉察。

有意识的觉察很明显地会在两岁时展露出来。我们能够在孩子令人惊讶的学习能力中看出来，在他们坚决地想要坚持他们的意志力时，还有他们自我反思的能力以及后来一些抽象的推理，一直贯穿在整个的童年期。

在孩子不断地觉察到限制与界限时，他们通常会开始表达挫折感或愤怒，最清楚的是在他们长到所谓的"可怕的两岁"时。孩子想要独立，要用"我的方式"，并且会勇敢向前挣扎着要照自己的方式去做。

我们再次看到了欲望与感受。挫折感这个后来加上去的元素，是孩子针对环境因素而发展出来的能力。对我们来说，因为受到了限制而产生的挫折感，就是热情的开端。一个孩子确实比一个小婴儿更热情一些了，不过大多数人仍然不会用热情来描绘一个孩子。

欲望、动机与强烈的感受在青少年时期会更加明显。青少年们在面对逐渐增加的限制时，能够更明显地觉察到压力的增强。可是当我们最近询问我们正处青少年期的女儿安妮卡跟她的朋友，希望他们能跟我们谈谈他们生命中的热情何在时，他们却说要谈热情是很困难的事。他们很难拿捏这个观念，当我们给了他们一些指引与劝告之后，他们说只有少数的几次经验让他们认为那是一种热情。

根据约瑟夫·契尔顿·皮尔斯（Joseph Chilton Pierce）的论点，负责支配我们一切反思能力的是脑子的前额叶垂体，一直要到我们二十岁出头时它才会完全长成。所以一次完整的关于热情的经验，是有可能必须要经过等待的。通常只有透过成熟，当有意识的觉察能力有机会跟时间去经验神奇的反思时,这个人才会觉察到自己的热情。到那个时候,我们已经经历过了许多次的反复的意识——能够觉察到我们的奋斗以及我们跟自己的奋斗之间的挣扎。

热情关系到参与生命的强度与感受的能力,这是需要时间去体验与反思才能产生的。这个能力的基础在一出生时就存在了,但是它需要生活的经验使它逐渐成熟。热情让人成熟了!如果我们继续参与生命,即使面对的是产生了压力,只要我们保持脚踏实地并活在自己的身体里,要是我们选择的是丰富地去连结,那么我们热情的容量是会非常大的。接下来是对你如何运用有意识的觉察的建议,目的是希望能增加你的生命能量。

行动:唤醒你的欲望

觉察让我们知道了我们心中的欲望,也让我们有创意地表达出欲望,并且能够体验到热情发生的过程。为了能重新跟真实自我的欲望再度联机,一个人不但要注意自己的心声,还要注意"直觉"的感受。一个人还要预备好去尝试新的东西,改变心意之后再去尝试。动机不是问题,虽然有不少人认为那是问题。每个人出生时就都有着欲望,动机也是生来就有的。我们的问题是在于否定了自己的动机。

大多数人在成长过程中都聚焦在"需求东西"上,若不是我们想要什么就能得到什么,否则就是被告知说"要东西"是不可以的。那是相当普遍的现象,我们在否认自己的同时,却相信我们应该注意别人在要些什么。我们于是变成了虚伪的"索求者"——需求食物、财产、爱、金钱——长期地脱离了我们内心真正的需求，脱离了我们真实的欲望。结果呢？我们常会感觉到生命是空虚与无意义的。而且，我们曾谈到过的以脱离而形成的防卫机制，最终会让我们无法感受自己灵魂的欲望，也无法表达感受。想要唤醒并激励灵魂是相当具挑战性的。

重新发现真实的欲望，意味着留在当下，活在自己的身体里，并且跟他人连结，时间要够长才可能觉察到自己深度的"伸手探求"的能量。那时我们得要做出适当的抉择以追随这股能量。再说一次，这样做是需要勇气并听从自己心意的。比如说，做深呼吸时，不少人会开始有知觉、有感受。因为他们是那样地不熟悉这个感受，他们可能会变得焦虑或害怕，于是很快地找出方法想要去终止呼吸——或是突然间想到有什么事需要去处理，或是变得烦躁不已而决定他们受够了呼吸这玩意儿等等。

替代的方式是，做呼吸练习时"跟自己在一起"。觉察自己的知觉、感受与想法，就是要留在当下。这样做的话，你有可能觉察到自己升起的需求是些什么。一开始的时候你很可能想停下来。你可能会想到食物，或者你会想到一件过去的经验而想谈谈这件事。你还可能发现自己有着想移动的需求。如果你能继续呼吸而不受这些干扰而分心，如果你单纯地继续留在当下，你极可能会穿越需要的表象而进入真实欲望的深刻的领域。

不论你采取的是什么活动，你都可以随着类似的道路去找到真实欲望。深深吸一口气，参与并留在当下。注意到你的思想、感受、跟你的需求，而不用采取任何行动。跟你自己在一起。真实的欲望不是一个东西或是一个地方，而是一股存在的原始能量。这个能量要浮出水面并且被表达出来。为了自己的利益，我们可以积极地运用有意识的觉察力，容许欲望涌现并被表达出来。

热情练习

回顾一下你生命中的一些"微妙的感觉"（并且把它们写下来，否则当你的脑子闪过它们时，它们也就很快地消逝了）。这些迹象是你的想法的半成品，随时会浮上心头，然后又会沉到心底深处。我们有时会掠过这些想法但认为它们不值得再去注意。

> 比如说，戴维记得曾经有过一个这样的"微妙的感觉"：弹钢琴可能会很好玩——好多年来这个想法闪过他的心头不少次了。他终于抓住这个信息而开始去上钢琴课——他以弹钢琴证明了他全然的热情。

你可能需要一些时间去捕捉你的"微妙的感觉"——要不断地尝试。如果找不到，也可以运用想象力去创造一个！一旦你有了一个关于真实欲望的微妙的感觉，你唯一要做的事就是——决定要跟着那个感觉走。选择第一步要怎么跨出去——先什么都不要多想——然后注意一下，你现在站在什么位置上！

行动：纪律的练习

热情常常会被看做是我们无法掌控的，似乎是一件会发生在我们身上的事。当有人宣称他们"找到了热情"时，我们可能会带着妒忌的眼神去看这些人。我们甚至会宁愿相信要热情就是随时放下，让自己不受制约地去全然表达我们的欲望。如果是这样的话，就会像是从未弹过钢琴的人坐在琴边，用手乱敲琴键一番，还以为自己正用无比的热情在弹钢琴一样。在这个状态下，这个人身体的动作一定是非常紧绷的。他甚至可能还投入了很深的情感呢！然而，我们大概会说他弹出来的结果只是噪音，而不会说那是热情的音乐！

热情地去弹奏钢琴需要"弹钢琴的容器"全然地投入，包含他所有的限制与可能性。"弹钢琴的容器"可能包括了乐器本身、好的弹奏技术、一位老师的指导、琴谱、许多时间的练习与弹奏时的沉着等等。一位热情的钢琴弹奏者需要坚定与持续的活力，参照了这些元素，他还要不屈不挠地愿意通过过程中所有的艰难。

有意识的觉察让我们可以做出承诺，并且明白我们的限制何在，更要坚忍地通过所有的艰难——这些都是自我纪律的重要元素，同时对热情的发展也很重要。

纪律这个字眼的名声不好，可能是因为我们大多数人都认为自律很难做到。想一想纪律这件事，在你还是个孩子的时候意味着些什么。你是个充满了欲望、动机跟精神的孩子。你哭出来、伸出手来、同时还向你要的东西爬过去。你是充满活力与永不满足的。然后父亲或母亲介入，定下了一些规则，或许随之而来的还有惩罚或是奖赏。你小时候纪律就是这样运作的——有人帮你定下一些限制，然后强制执行。在你的成长过程中你一直会遇见其他的人，在家里、在学校里、在社会上，结果不管是惩罚或是奖赏，都是由他们定下了规则并强制执行的。

对于限制有些设定或是坚持，其实并不是一件坏事，我们在孩提时期如果要平安地长大，并且在我们所处的领域中学习到掌握，确实是需要有些限制的。当我们长大变为成年人之后，我们仍然需要相同的限制。在成长过程中我们确实受到了限制，问题却在我们可能给了自己太多的限制。这样一来我们会跟他人失去了深刻的连结，然后发现自己在限制的这一头，其他的人都在限制的另一头。在我们抛弃自己真实的精神时，我们也失去了跟自己深刻的连结。在我们想要重新去连结的同时，我们也会希望能取悦权威者，过程中我们服从了"纪律"，我们压抑了自己的欲望、动机以及活力，我们"被冻住"了。

作为成年人的我们，很多人就一直维持着那个被冻结住的样子，几乎没有连结的感应，对自己的心灵一点也不接近，缺乏指引我们自己的能力，而且极可能对于"纪律"有着非常强烈的抗拒之心。我们陷入自己的欲望与恐惧的两难之间，与内在的处罚和酬赏的吸引力挣扎。我们会跟自己说，下一次试着再更加努力一点，并且对自我纪律去作出承诺吧！

幸好故事到这里还没有结束，翻开英文字典查"纪律"这个字，第一个解释是指"惩罚"，然而它原始的意义是指"学习"或是"教学"（正如另一个类似它的字——disciple——意思是追随者）。所以"自我纪律"这个说法也能用来形容为有能力去成就学习的过程。

要深化我们生命中的热情，也许要使用这个版本的自我纪律。我们可能需要放下跟一个人或一件事所代表的权威的斗争（由他人来规范自己）。我们或许可以选择成就我们自己的权威来教育我们自己（自我纪律）。

这意味着学会如何培养我们真实的欲望，并且在表达欲望时给予滋养。它还意味着在我们聚焦在某一个目的时，必须设定下可以行得通的界限与限制。我们的选择可以是把焦点放在该放之处——放在重新恢复我们跟生命中原有的动机、欲望与心灵深刻的连结。我们能用自身的纪律、专注与开放来学习我们生命的这些面向，鼓励它们浮上台面，收集信息去逐步发展成更热情与有行动力的人。

热情练习

选出一个欲望并聚焦在那上面——这可能是早先你注意到自己曾经有过"微妙的感觉"的欲望。如果你暂时还没有什么欲望，那就创造一个出来——问自己你可能对什么事会有兴趣。

- 与其强迫你自己采取行动，此时不如先学着收集所有关于这个欲望的信息：上网去查数据，问朋友相关的问题，去跟有着类似欲望并且正努力实践的人谈谈这个欲望。
- 设定做这件事的期限，一个星期或更多天。时间到的时候，注意自己对这个欲望的感受与想法。
- 决定自己是否要继续下去，如果要的话，决定第一步要做什么，必须是一个实际的行动,去追随你的欲望。

在追随欲望时,选择自己的限制与界限的范围。

行动:去冒险、表达跟创造!

> 我已经学会了给自己设定一个"热情的挑战",让自己重新振作起来(特别是当我感到情绪低落时);用艺术、音乐、诗歌,或是舞蹈去激励自己;找到它、得到它,并且让自己沉浸在其中!
> ——在我们"拥抱个人热情"课程中的一位学员

我们生下来就会向生命伸出双手,直到发现有时候为了要保护自己,我们需要在某种程度上脱离连结。如果作为一个成人想要更热情更有活力,我们就要冒险再次地伸出双手。每一种表达的方式都是在伸手,创意就是它的明证。

真实的表达所带出来的热情,会在伸出手去探求的行动中浮现。我们在探求些什么,其实不是那么重要,更重要的是那个单纯的伸手去探求的行动。我们在表达些什么其实也没那么重要,更要紧的是那个单纯的表达的行为。当然,有时候表达的形式会跟我们的真实欲望更加一致,而热情不一定要依靠特定的表达方式才能存在。相对的,它会在我们透过表达参与生命时发展出来。

所以,随时随地透过任何形式的表达,我们都能变得更有热情。我们可以在做自己最喜欢的事情时很热情,也可以在做家事时很热情。

最大的挑战是不论做什么，我们是否选择更充分的表达。

在我们带领的工作坊与课程中，我们让学员有机会用创意去表达自己：用语言、身体的动作、书写、绘画等等。但是我们感到很惊讶的是，对大多数人来说这是好困难的事。几乎像是要去冒个极大的险，我们总是听见大家说："我不会画图／唱歌／说话／我没有创意。"或是："要是我犯了错怎么办？"或是："万一我丢人现眼呢？"或是："如果人家不喜欢我呢？"

不过，如果一个人想要更热情，那么这就是个值得一冒的风险，因为只要我们愿意让自己用有创意的方式强烈地表达自己，热情很快就会露面了。一位学员曾说："在这个课程中我最喜欢的概念是：'热情在你创作时会完全地呈现。'创意与纪律是相辅相成的。我也学会了去冒险、去放下、去全然地表达自我可以是那么有趣的事。这验证了创意与纪律真的是所谓的'最佳招式'。"

热情练习

冒个险，去实验一个自己不熟悉的表达方式或是创作方式。不去管什么内在的声音或是担心会有什么样的后果，去做，就对了。

找些粉蜡笔跟一张纸，在纸上画一个圆圈，然后在圆圈里随便自己想画什么就画上去。相信自己的直觉，相信自己随兴挑的蜡笔的颜色，就开始去画。甚至用你自己平日不大用的那只手去画。享受画的乐趣。放下执念。每天画一张，画了一星期之后，再回顾一下，做这件事时是什么样的感受。觉察一下，在画中有些相似或完全不同的图案吗？它们的发展有些脉络可循吗？

有不少人在这个实验过程中，不但非常惊讶地发现了过去自己从不知道的创造力，同时还能继续探索自己更深刻的欲望。

第七章　关系层面的参与

> 我们是在孤立的状态下跟他人相遇的。不论这样的相遇会持续多久，这样的相遇是会有帮助的……有助于存在的层面……我们在分享合一的经验。我们正陪着彼此走在回家的路上。
>
> ——郎姆·达斯（Ram Dass）

许多人类的经验和学习是在第三个容器——关系——的严酷考验中发生的。我们经常倾向于认为自己只是一个个体，是跟他人无关的，是独特也是和其他人分开的。在北美洲的社会中强烈地鼓励个人主义和独立。

这个被高度看重的个别的"自我"，最初却是由与其他人的关系塑造而成的。孩子"自我"的建立，是与父母、家庭和社会的表达、回馈和整合的过程。而且之后个别"自我"的滋养和维持是要靠其他人的参与。许多成人最大的渴望，就是拥有成功和完满的关系。

你甚至可以这样认为，其实没有所谓的个别的"自我"这回事，只有在关系和互动中的"自我"。

原生家庭

"关系容器"第一个要考虑的面向,是养育我们,也是让我们有许多学习的原生家庭。

婴儿拥有令人难以置信的学习能力。《国家地理杂志》报道受孕的胚胎在四个星期内,每分钟会长出50万个神经元,并且在前两季中,这些神经元开始长出突触——接触的端点——以每秒可以长出200万个的速度!在诞生后最初的十八个月中,婴儿是一个学习的机器——"婴儿的头脑"透过感官知觉来吸收一切。

因为照顾者是最接近和持续会出现在婴儿身边的人,所以婴儿会"吸收"他们与照顾者关系互动中的感官知觉。在最初,可能只是一些视觉和声音、脸部的表情和言语。孩子有能力从父母的教导中去了解他们应该长成什么样子,什么才是是非黑白以及更多微妙的互动风格等等,这些也都会"被吸收"。我们就是以这样的方式"吸收"自我的感官知觉。

透过与照顾者的互动,发展出我是谁的形象。从他们眼中"镜射出来的"和他们对我们的响应上,我们看见了自己。透过这些关系中所接收到的回馈,我们学会了自己的语言、感受和行动,也采取了跟父母或主要照顾者相似的思维与生活模式。

在一个有爱的和滋养的环境里,我们被支持着成长和扩展,这样做的时候,就学会了去应对随着生命中的冒险必定会有的肿块和瘀青。抚养一个婴儿除了给他们营养品,也必须予以管制。他们不可以爬行到台阶或外面的街道上,并且必须阻止他们把小东西放进嘴里。克制是至为重要的,不仅是为了我们的安全,更是为了去发展我们的"自我"和关系。如果成长中的孩子没有被关系重要的大人加以限制,儿童对自我的感官知觉的界限会无法形成,他们会感到迷失。就好像没有任何一个人与孩子有关系上的连结,会减弱了孩子的自我感知。反之,一个过分限制性的环境,经常也会让孩子难以坚持自己的权利,同样导致自我的减弱。

在孩子学习与成长的过程中,不论成长环境是不是滋养的,有无管制——也不论儿童经验到的是创伤和困难,或是在"平顺航行"的环境中成长,在他们发展自我、与他人和谐相处以及如何在社会中生存的过程中,在某些程度上,孩子必须背弃他们的真实自我。这种状况是一定会发生的。

社会和文化:在平地上生活

> 在我们的社会上许多相传下来的"文化"与"人格"……实际上是从寂静中流出以及从真实的躯体(身体)经验而来。
>
> ——莫里斯·波曼(Morris Berman)

第二个关系容器的面向是以社会和文化为中心。这包括我们的邻居、友谊、学校、教会、工作场所、金融机构、政治和法制系统——它们支持对热情要加以约束。

许多人说,他们在寻找更多的生命力和热情,但是实际上他们只想要一个非常有限制的版本。人们想要的热情是"正向"的:彩色的、富有的、愉悦的、兴奋的、行动的和投入的。他们对"负向"的热情不感兴趣：黑暗的、困难的、愤怒的、受伤的、害怕的、哀伤的或受苦的。不幸的是，多数人所寻找的所谓"美好的、正向的"热情版本，实际上根本不是真正的热情。而只是一个平淡、愉悦而没什么深度的表面化的经验。本质上，热情是一个完整而鼓涨的包裹，涵盖人类所有范围的感受与体验。仅保有正向热情而不要包含负向热情的唯一方式，就是完全没有一丝的热情。许多人很明确地落得这样的下场。

所有的社会都设定了界限和限制，为的是有效地提供安全感和滋养。社会的运作靠着把相互同意的规条用在个体最初的能量上，包括他们真实的欲望。我们在前面提到当我们的个人欲望在面对到界限和限制时，会产生一种摩擦或压力。如果我们选择继续以共鸣的感受和活力来参与这些"容器"，这些压力将成为我们所寻找的热情。

但是，西方社会通常不会提供必要的支持，使我们能有效地跟生命容器连结。并且在实际上，常常在行动上违反连结生命容器，北美洲白人的社会，特别有一段压抑身体的历史。身体上的官能都被看做是禁忌。个人感情的感受力与表达力被嗤之以鼻，而安全感被视为至高无上的重要。我们在自我保护上投资的太多，没有意愿去冒险或是去学习另外一种生存的方式。个体的热情减少，但"渴望"却增加了。我们生活在一个热情递减的社会中。肯·威尔伯提出，这就好比我们是生活在一块"平地"上的结果。在我们努力提升平安、安全感和幸福之时，却排除了不确定的知觉、感受、想法和行为，这是有问题的。在逐渐扩大的"政治正确"的趋向中，"净化"新闻报道和渐增的"受害事件"的文化里，都可以看到这些现象。

举一个"平地思考"的一个实际例子,试想一下,老师在面对情人节时的尴尬状况。学生们喜欢在情人节时送卡片给他们的朋友。当其他人因受到欢迎而感到舒适时,必然会导致一些孩子感到受伤、困窘和被排除在外。无疑,老师会从学生、家长和主管那里接受到负面的回馈。结果某些班级已经开始公布一个为减少创伤和困难的规则:没有任何孩子被允许送另一个孩子情人节卡片,除非他们送给全班的孩子每人一张卡片,这个规则的确消减了创伤的可能,但同时一个强有力的"铲平"的状况也就出现了。收到卡片不再意味着某个孩子对另一个孩子是特别的,因为其他孩子都收到了卡片。不仅是受伤的可能性被消除了,也移除了喜悦、好奇、关心和表达吸引力的可能性。结果是"铲平"了所有的经验,包括感受、想法、身体知觉和行为——这是一个经过制度化批准去减弱热情的实例。

这种"铲平"状况的发生,似乎在学校、工作场合、家庭和整个社会中都在逐渐地增加。大多数的人都害怕强烈的感受,不确定性、不安全的和各种的不舒服,就一点也不意外了。但对于我们热情生活的能力同时大量地减少了,我们也不应该感到惊讶。

行动:释放你的过去!

> 当任何一个身体的、心理的或头脑的经验,一直在意识中重复时,是这个访客正请求你给他更深更充分关注的讯号。
>
> ——杰克·康菲尔德(Jack Kornfield)

我们最初学会了防卫性的脱离模式——替代、退缩、压制和扩散——是在我们作为孩子时，以及之后度过了不计其数的时间来提炼这些防卫模式。当我们的感官接收到强烈的感受和无助感的讯号而感到威胁时，脱离就对应而生了。这威胁/防卫的反应，在面对许多生命中的挑战时发生，包括难以处理的关系和创伤的情况。因为习惯性地使用这些直接反应式的防卫模式，它们变得根深蒂固，并很可能保留到进入成年。当我们被威胁/防卫模式所占据时，我们就很难全然地去生活或怀有热情。

去谈论、去感觉，并且广泛地去探索，我们还一直紧抓不放的"过往"的一些面向，是很有帮助的。当个案在咨商时，开始谈论关于他们过往的一个困难的"秘密"时，经常会说，自从这个事件发生后，每天都会想这件事。他们全神贯注在这个事件上，因此无法充分地活在当下。

要澄清的是，我们不相信要永无止境地去回顾过往，试图去挖掘和修理"不好的"事。那又会快速地被更多的过往抢先盘踞着。过往只存在于我们的头脑里，但是人们倾向于紧抓住它不放，也因此无法充分地体验当下。

我们提议，请你留意任何一个至今仍盘踞在你的脑海与仍背负着过往的事，然后承诺去释放它。想要完成它可以透过与朋友、家庭成员或咨商工作者谈论它；或是参加课程、工作坊或经由各种各样其他的方法。除了谈话和了解之外，这样的释放也包含表达出相关的感觉。

在我们的个人咨商室与黑文学院，我们大部分的工作是集中精神帮助人们释放过去和现在的固着，为了能量自由之后能更加充分地活在当下。

热情练习

- 坐在一张舒适的椅子上，手里拿着笔和纸。
- 闭上你的眼睛，做十次深呼吸并且让自己放松。
- 问问自己，在你过往的生命中有无任何情况或人还未处理，你仍然会有感觉，或持续浮现在脑海中。
- 深呼吸！
- 不要去检视你的想法，不管心中浮现什么都把它写下来。慢慢来，不要急，让信息浮现出来。
- 针对释放一件过往的未了的事情而承诺向前再踏出一步。

行动：学会与心连结！

> 只有用心，我们才能确实地看见，本质用肉眼是无法看见的。
> ——安东尼·德·圣·艾克许佩瑞（Antoine de Saint Exupery）

关系提供一个全面的和可回应的"生命容器"来让我们参与。透过这样的参与可以让我们学习、成长和更有活力。

真诚连结的关键是沟通，它可以有效地加宽和扩大在上一章所提到的"觉察圈"。它会在"重述"的过程中发生，一个人所提供的信息被收到了，并由对方加以解释了再作出回复。在这个被称为对话的一来一往的过程中，意思可以澄清，感受可以分享，并能丰富彼此的连接。在对话时，每个人越能共鸣和有活力，就越能以真诚来交流。

在这个主题上，我们会在下一章节《夫妻或伴侣间的热情》中，涵括更进一步的想法和建议。完整的讨论关系和沟通需要有更多的篇幅，也不是本书的目的。我们请你参考海文学院各种各样的关系工作坊，包括我们所带领的"伴侣间的热情"课程，我们也推荐你阅读黄焕祥和麦基卓的著作《懂得爱》，或是观看关于探讨夫妻关系的录像带——《真实的人们，真实的事件》，是他们在关系工作坊当中的记录。

目前可以这样说，当我们引领自己真心诚意地与他人接触时——也就是当我们是自我负责的、包容别人的、具备同理心的、诚实而有界限的时候——热情的连结就会发生。真心接触需要我们沟通"正面"和"负面"的感受与想法，并且对我们真实想说的绝不掩藏。当我们以心相会，我们就与热情相会。

第八章　夫妻或伴侣间的热情

> 一段成功的关系……其学习过程必须要像是学跳舞一般——不是透过凝望而是透过参与，透过愿意去努力、去行动、去动作响应。为了能更有力量……彼此间密集的接触是非常必要的……互相推挤与抗衡……用我们的感官去感受。我们不是靠抽象的法律，而是靠亲密的角力过招来维系关系。
>
> ——狄恩·裘汉（Deane Juhan）

我们曾经跟许多在关系中努力寻找创意与热情的伴侣对谈，这本书若是缺少了关于伴侣的章节就会不够完整。同时我们也要指出，在这一章中所提出的原则与练习，对于朋友、同事或家庭成员也是一样可以运用。

可能有人会质疑在关系中热情的重要性。因为在一段"令人满意"的关系中，热情或许不是必要的，就算没有热情，你们还是可以很人性化与亲密。在可以是个好伙伴的关系中，保有很好的情谊与共同的兴趣。但同时有了热情却不见得保证能拥有令人满意的关系，或是保证这段关系一定能持久。

然而，热情让人有去体验更完整、更丰富的关系的可能性！这样用心去感受的全然的连结，会让我们彼此有更深刻的了解，实现个人的欲望，在与另一个人同在的状况下体会到真实的活力。

这看起来会是个让我们在关系中更热情的很大的诱因，但是（我们）大多数的人却不甘愿那么做。

> 戴维与仙蒂：不论是在我们的关系中或是个人生活中，更有热情这个想法都是很诱人的，但是我们双方都常常抗拒这个想法。特别是当我们显然意见不同或是有不舒服的感受升起时，我们会努力地保持接触。要能在支持对方的欲望时，同时还能维持跟自己与对方的连结，这真是一个相当大的挑战。

人们常常担心更多的热情会导致更大的麻烦。通常在充满了愤怒的斗争的家庭中成长的人，可能会以为最好在日后自己的关系中，不要有强烈的愤怒感。其他在严厉掌控的家庭中成长的人，会发现如果全然地去表达愤怒的话，所引发的"混乱"太使人不安了。

我们在早期的关系中所学会的这些观念冲击着我们，影响着我们日后在生命中如何与人连结。如果在原生家庭中面对愤怒时我们学会的是保持沉默，那么在后来的关系中，就极可能以沉默为工具来应对愤怒。如果顺从能让我们得到自己想要的，会倾向于——至少在表面上——顺从我们的伴侣。

我们的一生之中，"关系"持续地成为我们练习参与的主要竞技场，我们也在关系中学会了如何的不参与！关系最棒的地方是它提供给我们学习的好机会，同时也让我们有机会发展更多的热情。

> **戴维与仙蒂**：虽然我们努力地使我们的热情有活力，但那是值得的！我们因为继续对彼此全然的了解而感到满足，并且不断奇妙地去体会在与另一人同在时实现我们的欲望。

在关系中维持热情

事实上不可能在关系"中"有热情。一般人会认为关系是一个存在于两人之间的"东西"。其实它是一个持续进行着的感受、互动与沟通的过程。更清楚地说，热情不是一个可以在关系之间掌握到的东西。热情是透过积极地参与而逐渐提升的一种个人体验。在关系中可能有两个热情的生命热情地相处在一起，但是却不可能会拥有一段热情的"关系"。

看起来我们有些在搞语义学的样子，但它的区分是很重要的。相信关系跟他们自己是分离的人认为，是关系这个具象的实体维持了热情的容积，结果他们经常抱怨他们的伴侣或是关系欠缺热情。他们会想方设法地去"修理"他们的关系，或是改变他们的伴侣，目的是为了重新找回热情。如果能够认清楚热情实际上是一个个人主观的体验，那么我们可能就会对自己的热情与连结的质量更加地负责任。

许多人为了维系关系，不惜让自己的热情褪色。他们不想"摇动船身"，担心会伤了另一个人的心，或者是害怕冒对方会离去的危险。这些理由都会导致热情的减少，不但会大伤个人的元气，同时也会对关系造成损伤。

虽然热情可能会让人有强烈的感受或是会产生冲突，但还是要由每个人自己决定在他们连结时要不要维持热情。我们对于在关系中创造更多热情的第一个建议是自我负责，也就是对自己的行为负起责任来。

行动：对自己承诺！

在谈到关系时，说起承诺这个词时，大多数人会认为那是要对另一个人——比如说婚姻中的他方作出承诺。很多人在想到承诺时，随之而生的是焦虑跟害怕的感受。

然而，我们所说的承诺是对自己所正在过的生活产生了热情，并且带着热情跟你的关系做连结。与其对他人承诺，不如对自己承诺。问自己愿不愿意承诺要有更多的热情。我自己愿不愿意照着这本书上所建议的项目一一去实践。如果答案是愿意的话，那请从现在就开始！

最基本的承诺很简单，就是宁可持续跟你的伴侣保持连结的状态而不要不参与。通常我们在跟他人做不复杂或麻烦的个人接触时，都还是会觉得很不习惯。在期待关系好转的企图下，很多人热切地向对方质问"问题之所在"，引发了潜在的沟通困难。在热情的连结中，对话是极其重要的，感受也是无可避免的，所以最好在开始的时候不要用那么剧烈而是比较安静的态度。

热情练习

◎ 邀请你的伴侣跟你共处半个小时。
◎ 找一个你们不会被打扰并且能舒服地面对面坐下的地方。
◎ 安静地坐着,不用说话,两人用温柔的眼神对看十五分钟。
◎ 剩下的十五分钟互相谈一下,刚才的过程是什么样的感受。

大部分的人会发现这样做很不容易。虽然我们并不强调有什么正确的方法或是错误的示范,不过首先要注意,这并不是一个互相瞪眼的比赛,这是一段不用语言而用温柔眼神的接触时间。这样温柔的接触可能比最初的浪漫时期更有它的独特性,通常随着相处时间越久压力越大,因为浪漫期的温柔感早就消磨殆尽了。

激发重新连结是使关系更有活力最直接的路径。不用语言连结的形式,可以为日后语言的沟通打下基础,让连结时能有更好的质量。

行动:一起做呼吸练习

在第五章里,我们用很大的篇幅述说关于呼吸的种种以及深呼吸如何能提高热情。这真是一个能让个人体验到更有活力,能让人更能跟他人连结的好方法,所以我们会鼓励伴侣们定期地一起做呼吸练习。

共享的深呼吸练习,不但提供了有人相伴、互相关爱的感觉,同时也能见证到对方更深入地探索自我。它提供了非常有用的共同经验,并创造了沟通的基础，特别是在双方面临冲突或是感受强烈时。当我们能够透过呼吸让自己更"踏实"的时候，就越能够容纳因热情而产生的压力。

热情练习

◎ 翻阅前面（第47页）关于热情的练习，跟你的伴侣一起做这个深呼吸练习。

◎ 两个人之一先做呼吸的练习，另一个人先做陪伴者。我们建议每个人呼吸的时间是二十分钟。

◎ 每个人的角色要非常明确，并清楚自己想要什么，有什么样的期待。

◎ 在整个过程中保持连结，做完之后花一些时间谈论一下。

◎ 确实地去检证自己是留在当下、彼此互相连结的。

呼吸的练习能增加身体的"踏实感"，更新能量的震动力，扩展感官的觉察力。

行动：两人一起感受！

透过感官知觉，我们能更直接地捕捉住更多的灵魂，其效果比透过心智去赋予意义要更好。

——托马斯·摩尔

一起增进感官知觉的能力，是彼此互相赠送给对方最好的礼物，没有任何礼物能像这样——持续送礼的人，能促使接收者更加地热情，让关系产生改变，再回馈到给予者的身上。感官的觉察是需要透过我们官能的接收力——也就是我们的感官所提供的信息。

感官觉察的提升包含了：透过官能的抚触而扩展的感受力，更深更强的知觉力，更能震动以及产生更大的能量。可以用波浪的起伏与自由的流淌来描述感官的能量。它的开端可以由任何一个感官引发，在持续开放与被激励的状况下，扩展出去挑动起其他的感官——最后到达身体愉悦的经验。

我们必须重新学习如何让我们的皮肤、视觉、耳朵、舌头、鼻子更加地敏感，更能敞开地去接收。在这个让我们的感官知觉活化起来而更有能力的练习当中，我们可能要把非常聪明的头脑暂时搁置一旁。伴侣们可以计划一个过程去刺激与加强彼此的感官知觉。

热情练习

拟出一个能持续进行的、分享感官知觉能力的练习计划。下面是一些可供参考的案例：

◎ 一起听音乐。如果两个人听的音乐风格不同，就轮流听对方喜欢的音乐，但是要带着善意去听。之后要用一些时间说出听完后，自己喜欢的部分是什么。

◎ 一起去散步。并特别注意自己有些什么感官上的感受。详细地分享自己看见了、听见了以及闻到了些什么。

◎ 约定好一起到一个特别的地方去看日落。安静地牵手。

◎ 一起吃一顿充满感官知觉的饭。每个人挑选自己喜欢的食物。注意去挑选口味与质感。试着互相喂食，如果可能的话，尽量用手去喂对方。

◎ 如果在家中你们彼此有"你的"特定空间，请带他去那里做一趟感官之旅。比如说，你可以带你的伴侣到你的工作间去；建议他握住一件工具并试着使用它；或是给他一小团润滑油让他用手去摸摸看。

◎ 暖和的夏天一起出门，躺在草地上看天上的白云飘浮。分享当下自己的想法跟感受。如果你的感受很深刻，你甚至能更亲密地去探索身体感官的体验。

◎ 找时间去谈论自己的一个感官知觉的经验。

◎ 订下双方都同意的合约，在约定的时间之内，做一些不会引发性行为的体验。

◎ 找一个私密的、温暖的、舒服的地方。制造出一种能放松与臣服的氛围；也许可以放音乐，点蜡烛或是起个火炉，放几个舒服的靠垫或是床垫等。

◎ 轮流做接受者。

◎ 感官知觉在戴上眼罩时会更有感觉。

◎ 接受的人可以自己决定要躺着或是坐着，专注在不可预料的、身体的感官知觉体验上。

◎ 施与者可以这样做：

味觉：找一大堆可口的食物，让你那蒙着眼罩的伴侣去品尝。包含甜的，酸的，可咀嚼的食物，为的是要能引诱与刺激味蕾，让味觉能够更敏锐与开放。

嗅觉：精油、香料、香水、水果、花朵等，这些只是举例而已，它们都是能帮助刺激嗅觉的好东西。提供的范围可以从让人愉悦的到让人刺激的，不过要记住这样做的目的是要刺激而不是要吓人。

听觉：几乎每个家庭都有音响设备。你可能已经有音乐、铃铛、鼓，或许还有锣或是磬之类的东西。又或者可以把米粒放在空罐子里去摇动它，或是把两张砂纸互相搓揉，轻轻吹一声口哨等。发挥创意吧！

触觉：接受者让施与者抚触身体，两人在一起不说话。可以用来增加皮肤感受的道具相当不少：丝巾，羽毛，毛皮，布料，喷雾香水，冷的或是热的东西（冷冻包或是加热的石头）等等。

视觉：把眼罩拿掉后专心地看眼前的东西。屋里若是有烛光，或是较柔和的灯光，会使视觉的敏感度增加。你可以放一些不同的花或是艳丽色彩的布料。最重要的是，花几分钟时间安静地看着对方的眼睛。

我们发现不少人在做上面的练习时会感到不舒服。但我们还是鼓励你冒个险去尝试一下，我们知道这样做，你会有一次很棒的体验。

现在，在你已经体验过了用温柔的眼神互看对方的眼睛，透过深呼吸加强了活力，又拓宽了你的感官知觉力之后，我们还有一个建议，让你更近一步探索身体的接触。

行动：一起动起来！

身体的运动是身体这个容器重要的元素，同时也是在关系中直接通向热情的路径。身体的运动是参与的主要形式之一，却常常被忽略或是遗漏，特别是在逐渐分离的关系中。

下面的练习或许看起来有些太容易了，然而我们都要经常提醒自己不要忘记去实践。我们猜想你或许也一样需要被提醒。简单的动作有时证明是最有益的。

热情练习

在下面的明细单中挑出一些项目来，或是再加上一些自己的梦想。今天就开始去做！

◎ 去散步

◎ 去学跳舞

◎ 去划船或独木舟

◎ 参加登山俱乐部

◎ 种植花草

◎ 参加健身计划

◎ 学瑜伽或太极

◎ 打网球

◎ 骑单车

带着承诺与支持之心，一份强烈的连结感，会透过各种经验而活跃起来，就算前面说的这些运动，让人感觉困难，但这份连结感仍能让人感到滋养。热情的连结必须从舒适的生活习性中走出来，需要分享彼此的信念，回到最初的吸引力，使我们的差异点互相契合。

容许差异的生活

一段关系简单地说，就是两个人之间的互相连结。最具挑战的地方在于每个人都是独特的个体——事实上有时候两个人好像生活在两个完全不同的世界里。在关系的初期这样的差异通常不会那么明显，因为在浪漫期的人通常要找的是跟对方的同构型——但是差异性很快就浮现了。跟另一个人连结意味着去接触两人不同的世界，包含了我们的防卫机制。

到成年时，我们以防卫来跟人脱离的风格（见第四章）早已根深蒂固，不论何时也不论我们做什么它都在那里。但是通常在刚遇见一个吸引我们的人时，我们会丢下防卫（事实上，也丢下我们许多的界限）。在浪漫期的最初阶段，会有着强烈的、不惜任何代价去连结的欲望，还伴随着大量的兴奋感与性冲动。浪漫情怀的性质就是，每个人都会因为抱着对另一方的幻想而有着狂喜的感受。彼此就会以演出角色的方式，秘密地成为这个幻想的共谋者，并且想要成为自认对方希望自己呈现的样子。这种共谋（通常被看做是"爱情"），加上缺少了界限（"开放"），还有幻想与性冲动（兴奋）的混合，使得浪漫期成为极其诱人的经验。因为有这样的强度，许多人会把浪漫与性看做是热情。

一般来说，浪漫的幻想与强烈的性冲动会慢慢地减低，这种情况发生的时候，我们都会以为热情已经"从我们的关系中熄灭了"。事实上并非如此。浪漫不等于热情。性也不等于热情。在关系中我们并不是失去了热情，只不过是恢复到了个人原始脱离的风格来防卫罢了。

对许多人来说，刚开始的感觉很相像，会感到无聊跟平淡，之后对于彼此的差异会刻意地去忽略，然后否认，或是由私下的竞技逐渐演变成"权力争夺"。不容许差异展现却仍然保持接触，会让人感到失去连结、麻木与疲乏。我们会期待能回到浪漫期或是能发展出一种新的兴奋感。这是为什么当我们认为热情已经失去时，会有一些替代品的产生，比如冲突与斗争，外遇或是其他向外发展的兴趣。

有名的家族治疗师维珍妮亚·萨提尔（Virginia Satir）认为，我们在差异中成长，在相似中相连结。不过在许多情况中，能让人在差异中参与跟成长的机会却消失了。独特的个人面貌因偏向维持现状而被淹没，所以不想摇动这条看似平稳的船。

这样的关系可以称之为"合流"，这个词描述的是两条小河在某一个点上汇合。听起来似乎不错，但是它其实会淤塞，而且两个人都可能失去个性，更重要的是失去了自我。在这样合流的关系中，个人是向对方放弃了自我，是两个不确定的个体，相互纠缠、屈从，而不是向自我臣服。

"我失去了自我"是处在合流时期的夫妻们常常会说的话，在我们带领的夫妻工作坊中也常听见学员们这么说。在一切都是可预期的、稳定的情形下，在关系中就会产生一种停滞和静止不动的感觉；没有不熟悉的因素加入。

成熟并不光是有能力去忍受彼此间的差异，而是在不去掌控的情况下愿意接纳，因为差异而导致的无可避免的张力感。我们的伴侣来到这个世界的目的，不是为了要符合我们对他的期待。成熟的意思是认知到世界以及他人不会变成我们希望的样子，也不会去做我们期望他们去做的事情。

在一段健康的关系中，个人的特质一定要能够存在——差异性、独特性与创造性。摩尔曾写过："首先，最主要的是培养出自己的独创性，你才不会在关系中失去自我意识；其次，鼓励对方去培养它的独创性。"在这个过程中，摩尔说："你会开始去欣赏那些你没有的或并不适合你的东西。"

> 仙蒂与戴维："在我们的关系中，有时候其中一个人想要的东西跟另一个人所想要的是完全不一样的。这时候真的会让我们的关系走到一个十字路口——感恩的是那并不是条死路。我们选择把我们的差异当做一个平台，用非常真诚与呈现自我的方式对话，于是解决的方法总是会浮现出来。"

邀请对方分享差异、独创性与热情，确实会把赌注提高了。两人之间的接触会变得更热烈，带来更多的感受，结果是双方都能更强烈地表达自我。当一个人在关系中可以更完整地呈现愤怒与深刻的哀伤，以及能更共震地去分享喜悦的经验时——他个人的生命范围与幅员就会更加扩展，分享的经验也能更为丰盛。

把我们彼此的世界拉近会引发摩擦，这正好是我们称之为热情火花的基础。火能带给我们光明与温暖，同时也能带来伤害。最好的做法是能够培养出支撑这种更深更热情的接触，所需要的了解、界限与协议。

行动：建立界限与协议

我们之前曾说过，关系是一种重要的酿造热情的"容器"。这个容器提供了方法让我们参与生命，同时也让我们产生抗拒，这些都会引发热情。要在你的关系里拥有热情，你必须愿意使用双方都同意的界限与协议去和对方互动。界限与协议提供了安全与架构，让热情的连结自然产生。

> 仙蒂与戴维："在我们的关系中，我们当然体验过抗拒，还有因之而起的火花。起初我们发现在没有限制的情形下，我们引起的火花是极强与极短暂的。例如在'激烈'的争吵中，可能会导致一场'爆炸'，其中一个人甚至两个人都带着其糟无比的心情走开——问题并没有解决。直到我们开始定下一些规范与协议

之后事情才有了改变。现在我们可以在经历任何紧张时刻时，都还能处在当下并保持连结。通常除了解决问题之外，我们都还能带着振奋与亲近的心情离开。"

这看起来像是一个很困难与复杂的功课，但是实际上真正需要做的，只是去聚焦并愿意分享跟协商而已。在双方卡住之前，先做好了协议，就会有支持你从卡住中挣脱出来的架构。

热情练习

问你的伴侣愿不愿意一起讨论出一些协议来，好让你们之间的接触变得更活化。找一个双方经常坚持不下又常常卡住的问题，特别是让其中一人或双方都会感到脆弱的问题。这个协议特别要包括沟通、冲突与尽量有创意三方面。

不需要专注于讨论彼此间差异的内容，而把焦点放在我们需要什么才能更全然地参与，那么我们需要做什么。你需要什么，你想有些什么界限，你的限制何在？

然后开始脑力激荡，讨论有些什么样的协议，能促进你得到你想要的或是帮助你看清你的限制。要清楚简单与具体。确定双方都能全然支持和了解这个协议。

下面提供了在沟通、冲突与创意三方面可能做成协议的例子。

在沟通方面

◎ 协议双方都要诚实，不论是谈内容或是谈感受。
◎ 同意找最适合谈话的时间与地点。
◎ 当接近另一个人时，先征求对方同意，包含你想谈些什么，你谈话的目的，还有你希望谈多久。如果对方不愿意谈，就接受并建议另外找时间。如果愿意谈，要遵守约定的时间限制，或是万一时间不够的话，重新协调要求更多的时间。
◎ 同意学会并使用在下一段落中提到的"学习用心去连结"的方法来沟通。

针对冲突

◎ 同意任何一方都能在对话或冲突中有随时叫停的权利。当有人叫停时另一个人要立刻退后，双方各自到不同的空间去。叫停的一方同意在一段明确并有限的时间之后，回来重新接触对方。
◎ 考虑一些实际的协议，关于在哪里可以起冲突，在冲突时可以说哪些话，做哪些事，甚至说清楚两人之间要距离多远。
◎ 要问的问题是："为了要达成就算是产生了冲突，彼此也要有连结的共识，你们会需要做出什么约定？"

为了更有创造力，许多伴侣最后把所有的能量都放在沟通与冲突上，特别在他们有严重的歧见时。

◎ 同意花些时间，谈你自己如何在生命中所展现与具有的创造力。每个人的创意很可能是非常不一样的。
◎ 讨论彼此可以支持对方创意上努力的方法。

行动：学习用心去连结

一段热情的关系，需要我们在两个不同的世界间造桥。并且了解我们的差异，而不是为了彼此的差异而开战。这是相当困难的事。多数人会想说服对方，说他们错了，而不想去倾听并试着去了解不一样的观点，特别是情绪已经高涨的时候。彼此的差异正好能够让我们有机会学习以及拥有更多的热情，不过唯一需要的是，你们能找到分享差异的方式！

在我们的夫妻间的热情工作坊中，我们给学员们一个有结构的机会去沟通，让他们能更认识自己跟他们目前的关系。这样的方式需要他们愿意在伴侣的面前袒露自己。

热情连结的第一步就是面对自己。我们经常对自己的模式与防卫机制有极严厉的批判，所以可能会要隐藏、减少或甚至要消灭它们。不幸的是，这么一来会产生更多的防卫，少了活力也增加了距离感。当我们愿意把自己的模式跟防卫呈现给他人看时沟通的质量会增加，但是呈现自己真实的状态对多数人而言是极具挑战性的任务。我们可以用下面的方法，开始向他人呈现跟热情相关的个人模式。

热情练习

轮流完成下面的句子。

◎ 要把热情/活力带入我们的关系中，我会_____
◎ 在我们的关系中我认为当你_____的时候是最有活力/展开的。
◎ 当你是有活力与开展的时候，我的状况是_____
◎ 我想避免/关掉我的活力与热情时，我会_____
◎ 我想避免/关掉你的活力与热情时，我会_____
◎ 当你在我面前有强烈的感受时，我会_____
◎ 当我在你面前有强烈的感受时，我会_____
◎ 在这段关系中，我感到最热情的时候_____
◎ 在这段关系中，我感到最缺乏热情的时候_____
◎ 我能有更大的贡献与活化我们的关系，我可以_____
◎ 我认为你能在活化我们的关系上有更大的贡献，你可以_____
◎ 我在这段关系中的学习到的是_____

在你对彼此的信念跟防卫模式有更多的了解时，它们出现时你会知道什么，于是就可以选择用不同的方式去沟通。

维持热情就是要学着去维护一个人独特的差异性，同时活在当下并对他人开放。所需要的就是要用清楚的沟通技巧，把彼此的差异也包含进来。我们鼓励你冒个险，去接触彼此的差异并承诺学习必须的技巧及工具，让自己的沟通更有效。下面是我们推荐的沟通方法。

热情练习

记得提醒自己，你的目的是要能更宽广、更深刻地跟人连结，主动以这样的方式去跟别人沟通：

◎ 在跟人对话之前，先征求对方的同意。
◎ 如果对方不想对话，跟他研究找另外的时间再谈。
◎ 选择适当的时间和地点，并且决定双方都同意的谈话时间长度。
◎ 告诉对方你的意图是什么：是希望能解决问题？希望跟他更亲近？或是要表达你自己？要诚实——或许你真正的意图，可能是要他照着你的意思去做事，或是想指责他，甚至是想要惩罚他。
◎ 说出你的想法——很清楚地让他知道那只是你的观点。
◎ 说出你的感受——特别是此刻你的感受是舒服的或是不舒服的？是想靠近或是想保持距离？
◎ 询问对方他的想法跟感受是什么。
◎ 沟通的结果要说出来，你想要什么，再次强调一定要诚实。

这些指导方针只是一个有效的沟通模式的骨干，在加拿大黑文学院许多课程中，这个沟通模式是广为应用的。完整的方法可以在黄焕祥与麦基卓合著的书《懂得生命》、《懂得健康》中找到。

行动：勇敢地面对彼此

当我们用心去跟对方连结时，就是在用热情去连结。不幸的是，很多人发现去承认与分享感受是非常困难的事。我们反而会想要隐藏或轻描淡写地带过自己的感受，特别是跟我们的伴侣有关的时候。

比如说，相当普遍的状况是，在关系中的人很怕表达愤怒，或是当对方表达愤怒的时候不敢跟他同在。他们可能担心对方会离开自己，或是担心会被对方伤害到，也可能担心彼此会互相伤害。同时，未能表达出来的愤怒会导致挫折、怨恨、退缩，并且让人相信诚实跟开放是行不通的。接着，这样发展下去的结果，会持续感觉到两人之间的距离更远，更感觉孤立，让人更加不敢表达愤怒了。

同样，两个人之间其他强烈的感受如悲伤、恐惧、受伤，甚至喜悦，也都被压抑或是轻轻带过，结果造成双方热情的退却以及尽量减少接触。所以针对这个现实，如果你希望在关系中有更多的热情，除了选择愿意以表达自己的感受来相互滋养之外，再没有其他更好的路途了。

表达感受常常无可避免地会引发冲突。许多人想到这点就会退缩，因为会害怕发生不好的事情，或是认为好的关系应该是没有冲突的。事实刚好相反，冲突是由两人之间差异的碰撞才产生的，我们之前已经说过了，关系中热情的关键就在彼此的差异。退缩到脱离的状态，立刻就减少了彼此间的热情。最重要的是在冲突时仍然愿意处在当下，并学习如何共同度过这段冲突。

安全是在表达感受时的另一个重要议题。比如说，很多人担心对方在表达愤怒时会被伤害到身体，或者是在表达悲伤甚至喜悦时会被嘲弄。这时每一个人，或者说每一对夫妻，都必须有意愿相互了解并约定，在表达感受时会是安全的。

提醒你可以在乔安妮·彼德森（Joann Peterson）写的书《好好出口气》中，找到上面所说的以及下面要谈的相关信息。

行动：既往不咎

大多数人都会在不同的程度上，带着过去的"情感包袱"进入一段新的关系。我们还会在发生困难时，不去面对现实而是去增加旧包袱的重量。不论是有意或无意的，全神贯注在旧的情感包袱上，一定会造成对热情的影响。有些人认为最好不要谈论过去的包袱。我们却抱持完全不同的意见。去谈论，去表达出我们的感受，解决卡住的地方，都是非常重要的，然后把一切放下。

为了能放下过去的包袱以及学会活在当下，我们建议学习并使用前面提到的沟通模式，或者找一个可以一起工作的咨商师。

热情练习

◎ 彼此协议尽量着眼于现在，这样才不会继续堆积过去包袱的重量。
◎ 专为这个目的，约好固定的时间聚会。
◎ 坦诚地分享任何的感受、想法与行为，否则关系会受到挑战，

不去分享会造成阻碍。

◎ 这样的聚会不是"报告新闻",而是彼此内在世界的深度分享。

我们鼓励大家去参加一些为夫妻或伴侣而设计的课程或工作坊,去学习如何跟对方连结。许多夫妻的分享是,在过程中跟其他夫妻们一起分享他们的挑战与挣扎,对他们是非常有帮助的。跟朋友之间诉说"他如何如何或她做了些什么",在团体中与其他的伴侣们共同分享,最大不同的元素在于见证人。在关系中经常会"用墙隔开彼此",这种分隔会使双方看不见、听不见或是没有分享各自的观点。夫妻间常因担心对方的批判,而怯于谈论他们的困难甚至成功的经验。这样一来世界会变得越来越小,难于生活在其中。

事实上,我们都会挣扎,都会遇到困难,我们大部分的人都是自己去面对,或是用跟朋友八卦一番的方法释放一些压力的蒸汽,更进一步地减低了与人亲密的机会。我们最不常用的方式,是在一个支持的氛围中开放与诚实地谈论,把自己呈现在自己、伴侣跟其他人面前并被了解。在我们带领的工作坊中,夫妻们经常分享当他们看见其他的伴侣们有着类似的困难与挣扎时,同时自己也有着类似的向往和欲望时,他们通常都会松一口气。

我们已经谈过所有的主题,现在要回到"欲望"这个主题上来。把在关系中遇到的困难说出来,提升沟通与人际关系的技巧,为专心探索我们的心灵到底想要什么——心灵的欲望是热情的根基——做好了准备。

行动：激励与支持你真实的欲望

我们的外表跟行动是如此明显的不一样，这些差异扩展到我们存在的核心，它的起源包含在我们每一个个体的真实欲望中。

因为每一个人都是独一无二的，每个人在生命中的欲望与动机也各自不同。于是关系中出现的严重挑战是，害怕如果任意听从自己的欲望会造成跟他人之间的距离。于是我们有意无意间，尝试去挤压自己也挤压他人的真实欲望。

所以我们落入了困境。一方面是觉察到热情不足，可能轻易地导致关系的终结。另一方面我们又害怕若听从自己的欲望会危害到关系。所以，不论你听从自己的欲望与否，都可能冒着失去关系的危险，那么为什么不选择听从自己的欲望呢？冒险听从自己的欲望可能有更多潜在的利益。

同时拥有自己的欲望以及关系是可能的。只要愿意相互沟通与支持彼此。

热情练习

找时间一起谈一下各自的欲望。每个人要轮流有机会大声地说出自己内心真正的欲望。

◎ 你可以试着回答下列的问题：
在目前的生命中什么是我需要表达的？

我心底真正的欲望是什么？

我的欲望可以用什么方式表达出来？

哪一种表达方式是我想追求的？

我想要什么样的接触？

◎ 焦点放在参与上，并且花些时间，让两人之中的一人先谈他最强烈的欲望。

◎ 双方都以脑力激荡的方式，参加谈论如何帮助他追随自己的欲望。

◎ 探索一下，当你拥抱自己的欲望时，生命会变得有多么不一样。

◎ 你可能采取些什么行动？

◎ 需要作出什么决定？

◎ 两个人要怎么支持这个人完成他的欲望？

◎ 当彻底地谈论完一个人的欲望之后，接下来再谈另一个人的欲望。确定每个人都能完整地谈论关于这个欲望的一切。

◎ 在你去逐步追求欲望完成的同时，谈谈如何维持彼此间的亲近跟接触。你们可以承诺定期地相约，跟对方分享自己的想法与感受。

戴维：在我开始听从我的欲望，去学弹钢琴的时候，我很高兴发现我仍然可以跟仙蒂很靠近。她会坐在靠近钢琴的沙发上读书，告诉我她喜欢听我弹琴。我弹她听的情形下，我们还是连结着的。

活出热情

行动：冒险，一起表达与创造

除了跟随你自己的欲望，如果能找到一个能一起去执行的"热情计划"也是很棒的。

在我们所带领的夫妻工作坊中，我们邀约夫妻们一起做一个简短的发表会，可以让他们有机会呈现出一个一起参与、沟通、竞争、支持以及分享概念、时间与能量的计划。通常是一个在相互支持完成的过程中，能够让别人看见的共同计划，其结果是让彼此有成就感。夫妻们通常也会清楚地洞察彼此在合作中独特的过程。正如一句俗话所说的："以小见大"，你是怎么做这一件事的，你就会用这个方法去做任何事。

我们有一对非常亲近的朋友，他们承诺一起创造，开始时她把对艺术的才艺都倾注在绘画上，然后他把对准确性的热爱，用来帮她的绘画制作画框。最近他们两个人都在一起创造与作画，这个计划正好验证了他们的差异性与相似性。

另一对朋友也非常努力地希望能在追求生命的热情上彼此支持——他们希望能航海去冒险。这可真不是个容易的课题。从一开始他们就很辛苦地一路争执一直到出航——他们一直保持连结，然后最终明白他们共同的愿景是一起航海环游世界。

热情练习

◎ 付出时间，去讨论出一个可能共享的"热情计划"。谈论过程中，要聚焦在两个人都会有强烈感情的事件上,或是简单到纯粹是两个人一起去做什么事。

◎ 确定两个人都清楚到底是要做什么,然后再确认第一步是要做什么,还有就是要在多久的时间内完成它。最重要的是一路在进行这个计划时,都要找时间谈论这个过程:有些什么想法、感受,什么事会是挑战,有哪些不确定的地方,彼此不同的意见等等——这样的参与才真的会让关系中有热情。

◎ 承诺一起做一些每天的、每周的或是每月的计划——按照自己可行的时间表去定计划,这样做的目的是为了成功地完成计划,而不是要看到它失败。

下面是一些可行的参考计划:

◎ 定下计划去完成这本书前面建议的练习,比如一起做感官知觉的体验或是深呼吸的练习。
◎ 一起完成一项任务。夫妻们经常会一起整修房屋或是整理院子。可做的事是无限制的。
◎ 去承担社区的一个计划,发起美化社区或是拓展社区的行动。
◎ 一起创作:绘画、跳舞、做音乐、写作、做手工艺品、培养一项兴趣等。
◎ 每天写一首诗,个别写或是一起写,一句一句地写。
◎ 画画,各自画或合作画都行……隔一段时间就换一种材料继续画。

以开放性与竞争方式的参与来激化你们的关系，比如下棋、玩牌、游戏或是运动等等。如果关系中的一方特别不爱说话时，这些都是接触的好方法。

第九章　结语：当下与日常生活的热情

是不是我已经习惯了去忽略我曾体验过的热情的时刻？

我从不曾认为享受沐浴在凉爽秋天的阳光下是热情——而现在我会了。

我从没想过好好准备一顿饭是热情——而现在我会了。

我从未把感觉到健康看做是热情——而现在我会了。

——拥抱个人热情课程中之学员

人们把热情典型化、荣耀化与特异化的观点，导致许多人以为在他们的日常生活中是得不到热情的。到底我们如何能在还有碗要洗或有垃圾要倒时，冒一个巨大的险、有强烈的感受、有惊人的创造力或满足我们的欲望？

如果我们相信热情总是伴随着强烈的情感、巨大的表达和改变生活的风险——或是认为热情只发生在特定的某个时刻、某些地方、在某些条件下或是对某些既定刺激的响应——那么在我们的日常生活中确实不太可能有热情。

虽然我们可能在某些环境与气氛下，或是参与一些特别的活动时会强烈地感受到热情，但热情的经验并不仅仅如此。热情只是一种生存的方式，比前面所说的种种更重要。与热情同在的意思是一个人的身体感到活跃，可以进入一个人全方位的感受。意思是说我们在思想上要开放与有弹性，同时我们也愿意表达和坚持自己的选择。

当更多的热情成为我们生存的风格时，它就成为我们一直拥有的一种能力。洗碗也许跟你观念中认定的热情活动最不相干，但是你仍然可以在洗碗时充分投入并感到热情。在洗碗时是有可能产生觉知和感受的，包括从喜悦到愤怒的每一种感受。你可以试着移动你的臀部、移动你的脚并觉察你的身体。你也可能去维持开放和有意愿。你可能藉由唱歌、皱眉或微笑去表达。你可能与身边的人有人性化的互动。你可能用自我纪律来完成工作而达到杰出的目标。当你洗碗时有可能去试着做这所有的一切！

热情确实是包含着强烈的感受和表达。然而却不是变魔术，而是因你参与生活的意愿而产生。这样的参与中，你可能会遭遇到抗拒并产生痛苦，但这也是热情。

任何人都能体验热情。我们每个人都与生具有这种潜能。我们生来就有使身体活跃、能量复苏和强烈感觉的能力，而这些都是热情的基本成分。我们也具备有意识地觉察的能力，因为这觉察力而让我们拥有简单但惊人的选择的能力。选择是主要的关键。我们可以选择参与我们赖以生存的生命容器来接触我们的热情，或者我们也可以选择脱离。

我们邀请你勇敢地跟随你心灵的欲望，并选择去参与你的生活！

最后，我们跟书中曾建议过的一样，再次提出一些行动让你参与生命：

- 对自己作出承诺
- 呼吸
- 去感受官能
- 要勇敢
- 运动
- 跟随你的欲望
- 实践自我纪律
- 释放你的过去
- 学会与心连结
- 冒险：表达并创造

热情

柔和地移动

拥抱颤动的虚空

不需要去掌控

允许自己如浪潮般地、尽情地流动

慢慢地去表达

在盛开里膨胀，

在种子中等待——

即使被拒绝也留在当下

你愿与苦痛共舞吗？

与不舒服同在

直到黑暗过去——

把你的挚爱献给日出？

你会相信伸手探求

因为它的伸展

与害怕

它会再度出现？

上帝所要让我们了解的

没有比此更多了

——戴维·瑞斯比

海文学院简介

海文专业训练学院（The Haven Institute for Professional Training）是向加拿大不列颠哥伦比亚省注册的教育中心，透过个人成长研究有限公司（PD Seminars Ltd.），办理有关社会教育训练事宜。是符合不列颠哥伦比亚省私立机构办理二级教育计划的一个私立机构。

如果需要资料，包含课程时间与目录以及训练课程的细节，欢迎上网查询：

www.haven.ca

或与我们联络

地址：

240 Davis Road，

Gabriola Island，BC

V0R 1X1，Canada

电话：(250)2479211，1-877 2479238

传真：(250)2478454

e-mail：info@haven.ca

在海文学院，我们跟个人与机构合作，透过个人成长与专业训练的体验促使人们成长。我们创立的社群中所有的人是完整的，并可以为自己及环境负责。我们还鼓励在这样的一个世界中，所有的生命都能以开放的好奇心、悲悯心、庄严与尊重相互对待。

译者感言

去年六月，在我出发到加拿大海文学院去为戴维的课程翻译之前，文瑷跟我说，希望我帮她买一本戴维跟他太太合写的书回来给她，并且希望能找到合适的人帮忙翻译这本书。

我真的没想到，后来这本书竟然会是我们两个人合力完成翻译的。

在一起工作的过程中，我很高兴能再次体认到热情真实的样貌，原来我们通常都只想认识积极乐观与快乐的热情，而忘掉了痛苦、悲伤与愤怒也是热情家族的一分子。原来我们感受的面向越完整，越能跟自己深层的热情连结。

我感恩有这个机会再次跟自己的热情相遇。

陶晓清
2009 年 1 月 16 日

"热情"对我而言，是一个熟悉又陌生的名词，就像戴维老师曾对我说，你有一层如砖墙般厚的皮肤，像穿着一件厚重的外套，把自己的热情埋在身体里。我当时才意会到我并没有在日常生活中全然地活出自己、迎向真实的热情与渴望。于是我开始着手检视自己，如何将自己的生活交给无意识、无自觉的自动驾驶状态，人云亦云、随波逐流。生活中时常感到浪漫、兴奋与刺激，但总无法满足深处的渴望与慰藉灵魂的骚动。"热情"也许是现代人的集体失落，也必须去正视的问题，我常觉得中国人是最热情的民族，也是一个最懂得压抑自我热情的民族。当我看到这本书的原文版时是惊喜连连，便向戴维老师提议发行中文版，因为这本书深入浅出的论点与实作练习，将会对华人的身心灵整合有诸多启发。能再次与晓清一起完成此书的中文翻译，是我莫大的荣幸，我和晓清希望能一起带领读书会与工作坊来介绍此书，让我们共同经历彼此热情的人生。

李文瑗
2009 年 1 月 16 日

责任编辑：曹克颖
装帧设计：朱 锷

图书在版编目（CIP）数据

活出热情／(加拿大)瑞斯比,(加拿大)麦卡特尼著;陶晓清,李文瑗译.
—深圳：深圳报业集团出版社，2009.4
 ISBN 978-7-80709-176-9

Ⅰ.活… Ⅱ.①瑞… ②麦… ③陶… ④李… Ⅲ.人生哲学
Ⅳ.B821

中国版本图书馆 CIP 数据核字(2009)第 058830 号

活出热情

(加拿大) 瑞斯比　(加拿大) 麦卡特尼　著
陶晓清　李文瑗　译

深圳报业集团出版社出版发行
(518009　深圳市深南大道 6008 号)
三河市华晨印务有限公司印制　新华书店经销
2009 年 5 月第 1 版　2013 年 5 月第 2 次印刷
开本：787mm×1092mm　1/16
印张：9　字数：60 千字
ISBN 978-7-80709-176-9　定价：20.00 元

深报版图书版权所有，侵权必究。
深报版图书凡是有印装质量问题，请随时向承印厂调换。

"Living with Passion"
Copyright ©2005 by David Raithby and Sandey McCarthey
Published by The Haven Institute Press
ALL RIGHTS RESERVED